당신은
개를 키우면
안 된다

당신은 개를 키우면 안 된다

1판 1쇄 발행 2019년 6월 10일
1판 5쇄 발행 2023년 5월 10일

지은이 | 강형욱
펴낸이 | 이정훈, 정택구
책임편집 | 박현아
일러스트 | 원동민

펴낸곳 | 헤다
출판등록 | 2017년 7월 4일(제406-2017-000095호)
주   소 | 경기도 고양시 일산동구 태극로11 102동 1005호
대표전화 | 031-901-7810 **팩스** | 0303-0955-7810
홈페이지 | www.hyedabooks.co.kr
이 메 일 | hyeda@hyedabooks.co.kr
인   쇄 | (주)재능인쇄

저작권 ⓒ 2019 강형욱
편집저작권 ⓒ 2019 헤다

ISBN 979-11-962193-8-3 13490

이 도서의 국립중앙도서관 출판시도서목록(CIP)은 서지정보유통지원시스템 홈페이지
(http://seoji.nl.go.kr)와 국가자료공동목록시스템(http://www.nl.go.kr/kolisnet)에서
이용하실 수 있습니다.(CIP제어번호: CIP2019019088)

당신은
개를 키우면
안 된다

혼내지 않아도,
혼나지 않아도 되는

반려견 교육의
모든 것

강형욱 지음

이야기를 시작하며

어느 날, 상담이 끝나고 돌아오는 길에 왠지 모를 답답함으로
가슴이 눌리는 기분이 들었습니다. 저도 모르게 입술을 뜯고
인상을 찌푸리고 있었습니다. 그리곤 혼잣말을 했습니다.

'그 방법밖에 없었잖아? 다른 방법이 있었겠어? 어떤 훈련사
라도 그렇게 했을 거야. 그냥 그 보호자가 제대로 못하는 것
뿐이야. 익숙해지면 그분도 잘할 거야. 난 절대 틀리지 않았
어. 실수하지 않았다고. 그런데 가슴이 왜 이렇게 답답하지?'

아무리 마음을 다독거려도 고개는 숙여지고 마음은 점
점 더 아파왔습니다. 이제 한 살 된 그 몰티즈는 의뢰인이 빗
질을 하려고만 하면 손을 공격하려 했다고 합니다. 그날 저는

의뢰인에게 당신의 리더십이 부족해 강아지가 그런 행동을 하는 거라며 대장이 되는 법을 알려주겠다고 했습니다. 그러고는 목줄을 당기고 강아지를 바닥에서 못 일어나게 했습니다. 강아지는 비명을 질렀고 대변과 소변을 바닥에 지렸습니다. 저는 의뢰인에게 강아지가 정당한 리더십에 놀란 것뿐이며 점차 누가 대장인지 인정하게 될 거라고 했습니다. 그리고는 다시 목을 조르기 시작했고 계속해서 강아지를 궁지에 몰아넣었습니다. 곧 강아지는 아무런 저항도 못하고 몸을 웅크리고 앉았습니다. 낯선 사람 앞에서 강아지가 이렇게 얌전히 있는 건 처음이라며 보호자의 감탄과 칭찬이 이어졌습니다. 저를 무척이나 신뢰하는 것처럼 보이는 그분께 저는 지금까지 본 대로 잘 따라 하라고 당부까지 하고 나왔습니다. 의뢰인이 바라는 대로 무사히 교육을 마치고 나왔는데도 제 마음은 무겁기만 했습니다.

"내가 잘하고 있는 걸까? 보호자의 손이 무서웠던 강아지가 자신을 강제로 만지려는 보호자의 손을 무는 것이 잘못일까? 그럼 나는 어떤 사람이지? 내가 왜 강아지를 혼낸 거지? 강아지가 힘들다고 표현하는 것은 배신이고 보호자를 무시하는 행동일까? 대체 나는 누굴 위해서 이런 짓을 하고 있는 거지?"

이 책은 반려견과 행복하게 살고 싶어 하는 많은 반려인을 위한 책이기 전에, 제가 스스로에게 던졌던 끊임없는 질문에 답하기 위해 쓰기 시작한 책입니다. 반려견 훈련사로 활동하면서 저질렀던 어리석은 행동들을 반성하면서 한 줄씩 썼습니다. 그러다 보니 이야기 중간중간 저 자신을 질책하는 형국이 되곤 했습니다.

책에 나와 있는 이야기들은 저의 수많은 경험 중에서도 실수하고, 고민하고, 깨닫는 과정에 대한 것들입니다. 어떤 부분은 독자들이 느끼기에 불편하고 인정하고 싶지 않을 수도 있을 거라 생각됩니다. 우리는 가끔 우리가 믿고 있는 생각과 하고 있는 행동이 옳은지 확인받고 싶어 합니다. 틀리지 않았다고, 제대로 하고 있다고 위안 받고 싶어 합니다. 그러면서 뒤로는 자신의 잘못을 슬그머니 감추고 싶어 합니다. 변화는 잘못을 인정하는 데서부터 옵니다. 저는 과거의 제 잘못을 인정하면서 반려견들을 대하는 생각과 태도가 바뀌었습니다. 끊임없이 의심하고 질문을 던졌기에 이제는 어느 정도 반려견의 입장에서 생각할 수 있게 됐습니다. 그래서 이런 이야기를 더 많은 분이 알게 되었으면 좋겠다고 생각했습니다.

이 책에 나오는 팁들이 모든 문제를 해결해주는 만능열

쇠는 아닙니다. 보호자들이 반려견에게 어떻게 적용하느냐에 따라 달라질 수 있습니다. 자전거 타기를 책으로 배운다고 해서 하루아침에 능숙하게 탈 수 없는 것과 마찬가지입니다. 반려견 문제에 대해서 어려움을 겪는 분들이라면 꼭 전문가에게 상담받기를 권합니다. 이 책은 반려견의 행동에 대한 이야기만은 아닙니다. 오히려 반려견과 함께하는 여러분의 행동에 대한 이야기일지도 모릅니다. 어쩌면 이 책은 당신의 강아지가 당신에게 주는 선물이 될 수도 있을 겁니다.

반려견은 언제나 가족의 행복만을 바라며 삽니다. 부디, 그 무엇도 아닌 그들의 가족이 되어주세요. 반려견과 살고 있는 여러분 모두가 반려견과 오래도록 행복하기를 진심으로 바랍니다.

항상 제 곁에서 용기와 영감을 주는 사랑하는 아내 수잔과 반려견에 대해 더 잘 이해할 수 있도록 도움을 주는 우리 부부의 영원한 친구 '첼시'와 '다올이'에게도 고맙다는 말을 전합니다.

CONTENTS

Part 01

당신은
개를 키우면
안 된다

당신이 포기하려는 것 같아
슬픕니다

꿈에도 몰랐습니다.
많은 사람과 이야기하고
고민을 들어주는 게
저의 일이 될 줄은….

"당신이 강아지를 포기하고 싶어 하는 것 같아 슬픕니다."

저희 센터로 강아지 교육을 의뢰한 어떤 분께 제가 보낸 문자 메시지입니다. 그 강아지는 의뢰인이 우울증으로 괴로워할 때 의뢰인의 부모님이 권유해 입양하게 된 유기견입니다. 그 분이 우울증으로 자기 안의 세계에서 고통을 받는 동안 강아지는 둘도 없는 친구가 되어주었습니다. 의뢰인이 방 안에 틀어박혀 아무도 만나지 않으려고 할 때, 그 누구도 그분의 마음을 이해할 수 없었을 때, 강아지는 의뢰인의 옆을 묵묵히 지키면서 힘이 되어주었습니다. 시간이 흐르고 의뢰인은 날이 갈수록 건강해졌습니다. 곁에 누군가가 있다는 생각 때문인지 점점 정서적으로 안정을 찾게 되었고 자신감을 얻기 시작했습니다. 열심히 공부해서 원하는 대학에 들어가게 되었고 학교생활에 만족하며 즐겁게 생활했습니다. 의뢰인의 부모조차 하지 못했던 일을 강아지가 해낸 것입니다. 그런데 사람들은 늘 곁에 있는 것에 대한 고마움을 잊을 때가 많습니다. 우울증으로 나날이 힘들어 하던 의뢰인은 강아지 덕분에 자기 안의 세상에서 벗어나 밖으로 나올 수 있었습니다. 그럴수록 강아지는 혼자 있는 시간이 점점 더 많아졌고 그토록 사랑을 주었던 보호자와 점점 멀어지게 됐습니다. 의뢰인은 강아지에게 신경을 점점 덜 쓰게 되었습니다. 강아지 말고도 더 신경 쓸 일이 많아진 것이지요. 강아지는 버림받은 느낌이 들었을 것입니다.

시간이 지나고 강아지는 조금씩 공격적으로 행동하기 시작했습니다. 특히 의뢰인이 없을 때 누군가가 의뢰인의 방에 들어가려고 하면 사납게 짖고 으르렁거렸습니다. 의뢰인이 집에 있을 때에도 의뢰인이 책상에 앉아서 컴퓨터를 하거나 공부를 하려 할 때면 무릎 위에 올라오겠다고 안간힘을 쓰고 짖었습니다. 집에 아무도 없을 때에는 의뢰인의 물건을 물어뜯었고 배변 실수도 잦아졌습니다. 그러자 의뢰인은 강아지에게 안 좋은 버릇이 생겼다며 자신이 어학연수를 가는 3개월 동안 강아지를 훈련소에 맡겼다고 합니다. 훈련이 끝났는데도 강아지의 행동이 변하지 않자 저를 찾아왔습니다. 상담 끝에 의뢰인은 해야 할 일도 많고 시간도 없는데 강아지 훈련까지 해야 하니 많이 힘들다고 말했습니다. 그러니 그냥 짖지 않고 배변 패드에 똥오줌만 잘 가리게 해달라고 제게 간곡히 부탁했습니다. 이런 행동이 고쳐지지 않으면 아마도 같이 못 살 것 같다고도 했습니다. 아마도 강아지가 점점 귀찮아진 것이겠지요.

"그 강아지는 당신의 병을 가져간 거예요. 그러니 강아지의 행동을 고치려면 당신이 먼저 바뀌어야 합니다."라고 말해주고 싶었지만, 그러지 못했습니다. 그렇게 말하면 그분이 그 강아지를 포기하게 될까봐 말하지 못했습니다. 제 자신이 한심스럽더군요.

이렇게 반려견의 이상행동이 고쳐지지 않으면 키울 수 없다고 하시는 분이 많습니다. 그때마다 "저는 그런 훈련을 하지 않기에 당신을 도와줄 수 없습니다."라고 말한다면 그 강아지들은 어떻게 될까요? 그래서 저는 더 많은 사람과 이야기하고 그들의 고민을 나누려고 합니다. 그때 저 자신에게 느꼈던 한심함을 다시는 느끼고 싶지 않기 때문입니다.

어떤 면에서 우리는 참 이기적입니다. 우리의 행복을 위해 강아지를 이용하면서도 강아지가 보내는 신호에는 신경을 쓰려고 하지 않습니다. 그저 말 잘 듣는 강아지로 키우기 위해 '앉아', '안 돼', '기다려' 같은 명령만 하려고 합니다. 사실 그러는 동안에도 강아지들은 우리가 원하는 모습대로 행동해주려고 애쓰고 있습니다. 우리가 조금만 더 그들에게 주의를 기울이면 알 수 있는 사실입니다. 저는 이런 사실을 여러분께 알려드리고 싶습니다. 이기적이어도 좋습니다. 너무 늦게 오지만 마세요. 그럼 제가 할 수 있는 일이 많지 않습니다. 강아지를 키우고 싶은데 어떻게 해야 할지 모르는 분들께 강아지와 어떻게 친구가 될 수 있고 어떻게 그들과 진짜 가족이 될 수 있는지 알려드리겠습니다. 혹시라도 여러분이 여러분의 강아지를 포기하는 일이 생기지 않도록 말입니다.

당신이 뭔데
개를 키우라 마라
하는 거요?

외롭다고, 예쁘다고 강아지를 입양하면 안 됩니다.
그들도 사람처럼
생명 그 자체로 존중받아야 합니다.

"당신이 뭔데 개를 키우라 마라 하는 거요?"

언젠가 제게 직접 전화를 해서 항의를 하시던 분이 있었습니다. 방송이나 세미나, 칼럼 등을 통해서 제가 '당신은 개를 키우면 안 된다.'고 하니 '당신'에 자신이 해당하는 것 같아 억울하셨나 봅니다. 그분은 제가 하는 말이 불쾌하다면서 자신이 어떻게 강아지를 키우고 있는지 설명하기 시작했습니다. 그분은 없는 형편에, 없는 시간에 매일 강아지와 산책을 하고 사료도 동물병원에 있는 것 중에 제일 비싼 것으로 사주며 나름대로 최선을 다해서 키우고 있다고 했습니다. 듣고 보니 그분 입장에서는 어느 날 갑자기 이상한 사람이 나타나서 개를 키우라 마라 하니 화가 날 법도 합니다. 전화를 끊으면서 그분이 한마디 덧붙입니다.

"훈련사님이 말한 대로라면 우리나라에 강아지를 키울 수 있는 사람이 몇이나 되겠어요?"

사실, 제가 말하는 '당신은 개를 키우면 안 된다.'는 문장에는 '당신이 준비되어 있지 않다면'이라는 전제 조건이 붙어 있습니다. 너무나도 많은 사람이 준비도 되지 않은 상태에서 무작정 강아지를 키우다가 버립니다. 저는 그런 분들에게 한 말이었는데, 제게 전화를 걸어 항의하던 분처럼 오히려 어려운 상황에서도 강아지를 포기하지 않고 끊임없이 노력하며 함께 살아가는 분들에게 제 말이 더 깊이 다가갔던 모양입니다. 물론 이분처럼 진심으로 강아지를 사랑하고 잘 키우려고 하는 분들에게는 실례가 되는 말일 수도 있습니다.

개들을 교육하고 훈련하는 일을 하는 제가 왜 개를 키우면 안 된다고 이야기할까요?

그들은 생명체이기 때문입니다. 그들은 걸어야 하고, 냄새 맡고, 땅도 파고, 지렁이도 쫓아다녀야 합니다. 강아지는 당신이 어딘가로 사라지기라도 하면 한없이 기다리고 보고 싶어 합니다. 당신을 맹목적으로 사랑하는 존재입니다. 그들에게 당신이 어떤 사람인지는 중요하지 않습니다. 단지 당신과 함께 소파에 앉아서 쉬고 싶어 합니다. 어디라도 다녀오면, 잘 다녀왔느냐고 무슨 일은 없었느냐고 궁금해 합니다. 친구도 만나고 싶어 하고 같이 달리기 경주도 하고 싶어 합니다. 당신이 느끼는 기쁨, 슬픔, 외로움, 고마움 등 모든 것을 그들도 느낍니다.

왜 강아지를 키우려 하십니까?

혹시, 자녀의 정서 안정을 위해서 할 수 없이 키우려고 하십니까? 아니면, 부모의 반대에도 불구하고 그냥 강아지를 데리고 오신 겁니까? 강아지는 어떤 쓰임새를 위해서 태어난 것이 아닙니다. 사람처럼 생명 그 자체로 존중을 받아야 합니다. 우리가 어떤 용도로 강아지를 키우는지 그 이유와는 상관없이 강아지는 보호자를 향해 온 마음을 다합니다. 온 세상에

사랑해야 할 존재가 마치 당신 하나뿐인 것처럼 말이지요.

외롭다고 강아지를 입양하면 안 됩니다. 예뻐할 대상이 필요해서 강아지를 입양하면 안 됩니다. 과시욕이나 소유욕으로 강아지를 입양해서도 안 됩니다. 얼마나 비싼 사료를 주고 얼마나 많은 돈을 들여 강아지 외모를 꾸미는지는 그들에게 중요한 일이 아닙니다. 강아지에게 주인이 아닌 친구가 될 수 있습니까? 가족이 될 수 있습니까? 강아지들이 바라는 것은 바로 이런 것입니다.

친구이고 가족이라면 강아지를 혼자 울타리 안에 가둬 놓고 재우지는 않을 것입니다. 목에 줄을 매어 평생을 묶어놓지도 않을 것입니다. 짖는다고 다른 곳으로 보내지도 않을 것입니다. 아파트로 이사 간다고 버리지 않을 것입니다. 임신을 했다고 다른 곳으로 보내지 않을 것입니다. 강아지를 키우는 많은 분이 강아지를 어디론가 보낼 준비를 하고 있습니다. 자신의 생각과 강아지의 행동이 다르기 때문입니다. 많은 분이 생각하는 강아지는 며칠 만에 똥오줌을 잘 가려야 합니다. 집에서 짖으면 안 됩니다. 침대나 소파에 올라가서도 안 됩니다. 영리하고 말을 잘 알아들어야 합니다. 그런데 막상 강아지를 키우고 보니 생각과는 많이 다릅니다. 배변 실수는 기본이고 깨물거나 짖기 일쑤입니다. 강아지를 돌보려면 시간도 내야하고 생각보다 해야 할 일이 너무 많습니다. 그래서 더 잘 키울 수 있는 사람에게 보내야겠다고 생각합니다. 이 모든 생각은 그저 당신의 생각, 당신의 판단일 뿐입니다. 강아지한테 특별히 더 좋은 곳은 없습니다. 사랑하는 가족이 있는 곳이 그들에게는 지상에서 가장 좋은 곳입니다.

강아지는 당신을 친구로 생각하는데 왜 당신은 자신의 외로움을 해소하고 과시욕을 채우기 위해 강아지를 키우려고 하나요? 강아지를 왜 자녀의 장난감으로 키우려고 하나요? 혹시 이 글을 읽고도 마음이 변하지 않는다면, 당신은 개를 키우면 안 됩니다.

애완견이 아니라
동반자입니다

그들은
오랫동안 우리의 친구였고
앞으로도 그럴 겁니다.

저는 소리에는 힘이 있다고 생각합니다. 어떤 이름을 부르면
부를수록 그 이름은 소리를 내는 사람의 머릿속에 깊게 남게
됩니다. 요즘 방송에서도 가끔 개를 말할 때 '애완견'이라고
합니다. 애완견이라고 하면 가지고 노는 개를 말합니다. 애완
견이라는 말을 쓴다는 건 우리가 개를 가지고 노는 대상 정도
로 인식하고 있다는 증거입니다. 애완견이라고 부르는 순간,
강아지를 가지고 노는 사람이 생겨나고 강아지는 장난감으로

전락해버립니다. 그들은 오래전부터 우리의 친구였고 동반자였습니다. 이제는 그들을 '평생 동반자'라는 뜻의 반려견이라고 불러주면 어떨까요?

노벨상을 수상한 오스트리아의 동물학자 로렌츠Konrad Zacharias Lorenz, 1903~1989 탄생 80주년을 기념하는 심포지엄에서 평생을 함께하는 동물이라는 뜻의 '반려동물'이라는 이름이 만들어졌다고 합니다. 어떻게 부르든 그들은 오랫동안 우리의 친구였고 앞으로도 친구로 남겠지만, 사람들이 사랑하는 이를 위해 정성스럽게 이름을 짓고 불러주듯이 이제부터는 그들에게도 친구이자 동반자라고 말해주면 어떨까요?

당신은 지금
한 생명을
책임지려 하는 겁니다

잊지 마세요.
우리는 한 생명을 책임지는 것,
바로 그 일을 하려 한다는 사실을 말입니다.

"강아지를 정말 키우고 싶었습니다. 어릴 적 마당에서 키우던 바둑이가 있었는데 그때는 학교 다니고 나가 놀기 바빠서 바둑이와 많이 놀아주지 못했던 것 같습니다. 사회에 나와서 혼자 직장생활을 하며 지내다보니 외롭더군요. 이제는 강아지를 제대로 키워보고 싶습니다."

"평소 강아지를 좋아하는 저를 위해서 남자 친구가 강아지를 선물해줬어요. 얼마나 예쁜지, 꼭 인형 같았어요."

"어느 날 퇴근하는데, 저기 차 밑에 뭔가가 있더라고요. 자세히 봤더니 강아지였어요. 너무 안쓰러워서 데리고 왔고 지금까지 같이 살게 됐답니다."

"제가 우울증이 있었어요. 남편이 어느 날 강아지를 한 마리 데리고 오더라고요. 처음에는 귀찮고 싫었는데 이 녀석이 내 앞에서 애교도 부리고, 안기기도 하고, 뽀뽀도 해주니 그게 그렇게 좋더라고요. 지금은 마음이 많이 좋아졌어요. 모두 우리 '방울이' 덕분인 것 같아요."

"우리 부부는 아기를 갖지 못한답니다. 입양기관에서 입양을 해볼까 했지만, 막상 준비하려고 보니 두려운 마음이 들더군요. 그래서 생각해 볼 시간을 더 가지자고 결론 내리고 그 전에 강아지를 먼저 입양하게 됐습니다. 다행인 건 아내가 예전보다 더 마음이 편안해졌다는 사실입니다."

사람마다 반려견을 만나서 같이 살게 된 계기는 다양합니다. 누군가에게는 자식으로, 또 누군가에게는 친구로, 또 다른 누군가에게는 그저 귀찮은 존재로, 반려견은 우리에게 저마다의 의미가 되어줍니다. 그런데 반려견을 기르는 보호자가 절대 잊지 말아야 할 게 있습니다. 바로 그들은 살아 있으며, 움직이고, 생각한다는 것입니다. 반려견에 대해 공부하고 교육하는 15년 동안 무엇보다 자신 있게 말할 수 있는 것은 저기 시골집 뒤뜰의 좁은 공간에 묶여 있는 누렁이도 우리가 느끼는 세밀한 감정을 다 느낄 수 있다는 사실입니다. 아파하고, 슬퍼하며, 외로워하고, 기뻐합니다. 반려견을 기른다는 것은 새로 나온 스마트폰을 구매하는 일이 아니라 섬세하고 여린 생명체와 함께 20년 가까이 살아가야함을 받아들이는 일입니다. 그들에게 2년 약정 따위는 없습니다. 잊지 마세요. 우리는 한 생명을 책임지는 것, 바로 그 일을 하려 한다는 사실을 말입니다.

누군가를
15시간 동안
기다리는 일

강아지는
가지고 놀다가 싫증나면 버리는
그런 존재가 아닙니다.

"그냥 화장실만 잘 가게 교육해 주세요!"

한 여성 의뢰인의 집을 방문했을 때, 제 얼굴을 보자마자 그분
이 한 말입니다. 집 안에 들어서자 강아지 배설물 냄새와 담배
냄새가 뒤섞여 머리가 아플 정도였습니다. 잠시 현관에서 의
뢰인과 인사를 나누는 동안 의뢰인의 강아지는 제 다리에 매
달려 점프를 하고 짖으며 안절부절못했습니다.

"안 돼, 안 된다고!"

이어서 의뢰인의 날카로운 목소리가 들렸습니다. 강아지는 의뢰인이 윽박지르자 어쩔 줄 몰라 했습니다. 강아지를 자세히 살펴보니 발바닥과 주둥이 주변의 털이 몇 가닥씩 뭉쳐서 딱딱하게 굳어 있었고 눈에서는 진물 같은 것이 흘러내려서 주둥이를 타고 내려오며 선을 그리고 있었습니다. 항문 주위에는 대변으로 보이는 동그란 딱지가 들러붙어 있었습니다. 또 강아지는 상담을 하는 내내 귀를 긁었습니다. 방 안은 난장판이었습니다. 이곳저곳 치우지 않은 대변이 널려 있었고 강아지가 긁거나 물어뜯어서 너덜너덜해진 옷가지들이 함께 뒹굴고 있었습니다.

'대체 어떻게 이런 곳에서 강아지를 키울 수가 있지?'

의뢰인은 지저분한 집을 보여주는 것이 민망했던지 슬쩍 쓴웃음을 지었습니다. 어쨌든 저는 마음을 가다듬고 곧바로 상담을 시작했습니다. 그 강아지는 의뢰인의 남자 친구가 선물한 것이라고 합니다. 지나가다 그냥 예뻐서, 혼자 사는 여자 친구를 위해 선물한 것이겠지요. 그냥 물건을 선물하듯이 뒷일도 생각 안 하고 그렇게 말입니다.

"언제 출근하셔서 언제쯤 집에 들어오시나요?"
"같이 있는 시간에는 강아지와 시간을 어떻게 보내시나요?"
"산책은 일주일에 얼마나 해주시나요?"

몇 가지 질문을 했더니 의뢰인은 하루 종일 바쁘다고 합니다. 일이 끝나면 친구들도 만나야 하고 주말에는 남자 친구와 여행도 가야 된다고 합니다. 산책은 힘들어서 못 한답니다. 그리고 집에 들어오면 잠자기 바쁘다고 합니다. 그러면서 제발 강아지가 똥오줌만 가리게 해달라고 합니다.

제가 무엇을 할 수 있겠습니까? 아니, 제가 어떻게 의뢰인과 강아지를 도와줄 수 있을까요? 그 의뢰인의 경우처럼 1인 가구의 강아지는 대부분 혼자 하루 15시간을 보냅니다. 들리는 거라곤 현관 밖에서 들려오는 사람들의 목소리와 발걸음 소리뿐이죠. 발걸음 소리가 날 때마다 강아지는 혹시 보호자가 오는 것은 아닌지 하고 기대했다가 이내 실망합니다. 무려 15시간 동안 그런 상태가 반복됩니다. 심지어 보호자가 안 들어오기라도 하는 날에는 밤을 새워가며 기다립니다. 그러다

드디어 보호자가 들어왔습니다. 강아지는 반가운 마음에 달려가지만 보호자에게는 그저 애물단지일 뿐입니다. 마냥 예쁠 줄로만 알았는데 생각보다 손이 너무 많이 가니까요. 그래서 소리부터 지릅니다.

"뭐야! 왜 오줌을 여기다 쌌어! 아, 정말!"

누군가를 15시간 이상 기다린 적 있으신지요? 반려견은 그런 존재입니다. 그들에게 보호자는 신과도 같습니다. 그 의뢰인은 제가 알아서 강아지가 대소변을 잘 가리도록 훈련시키기를 바랐습니다. 마치 저를 AS센터에서 나온 사람으로 생각하는 것처럼 보였습니다. 저를 그렇게 보는 것은 괜찮습니다. 그런데 강아지를 마치 장난감처럼 보는 태도에는 정말 화가 납니다. 강아지는 2주 동안 가지고 놀다가 싫증나면 버리는 그런 존재가 아닙니다. 그들은 당신을 이 세상 누구보다 사랑하는 존재입니다.

이런 강아지들
어떻게 해야 할까요?

당신이 강아지를 사랑한다면
그들의 목소리에
귀를 기울여보는 건 어떨까요?

강아지를 처음 키우는 사람들 대부분이 감당이 안 되는 강아지 때문에 고민합니다. 입양한 지 2주가 지났는데도 점점 이상행동이 심해지는 강아지가 있습니다. 만지려고 하면 깨물고 소변도 하루에 30번 넘게 아무 데나 봅니다. 처음 몇 번은 좋은 마음으로 치우지만 너무 잦아지면 더는 참기가 어렵습니다. 이러다 강아지가 계속 대소변을 가리지 못할까봐 걱정이 심해집니다. 답답한 마음에 인터넷에 나와 있는 방법들을 하나씩 적용해봅니다. 손가락으로 콧등도 때리고 강제로 배도 보이게 합니다. 목줄을 맨 채 줄을 당겨 강아지에게 고통을 줘 보기도 합니다. 하지만 도움이 되지 않습니다. 강아지는 점점 더 보호자를 무서워하고 피하려고만 합니다. 발을 닦아주려 고 하거나 빗질을 하려 할 때면 사납게 돌변하기도 하고 심지 어 어떤 강아지는 자신의 대변에 입을 대기도 합니다.

이런 강아지는 대체 어떻게 해야 할까요?

요즘 TV나 인터넷에는 강아지에 대한 잘못된 정보가 넘 쳐납니다. 그곳에 있는 설명들을 살펴보면 모든 강아지의 이 상행동은 보호자가 서열 인식을 제대로 시켜주지 못한 데서 비롯한 것이라고 합니다. 생각해보니 정말 그런 것 같습니다. 그래서 강아지를 좀 더 강하게 다루려는 사람들이 있습니다. 그런 사람들은 신문지를 말아서 테이프로 감아 매를 만들고 강아지를 무릎 위에 올려 놓고 절대 움직이지 못하게 합니다. 심지어 강아지가 아무리 발버둥 쳐도 절대 놔주면 안 된다고 하는 사람도 있습니다. 이때 한번 강아지를 놔주면 앞으로 계 속 강아지가 보호자의 힘을 무시하게 될 거라면서 말입니다.

"만약 강아지가 제 손을 문다면 저는 당연히 매를 들어 혼을 낼 겁니다."

"내가 주인인데 이렇게 아프게 손을 깨물면 안 된다는 것을 알려줘야 한다고 생각합니다."

이런 말을 하는 분들에게 저는 이렇게 말합니다.

"누가 먼저 강아지를 만졌죠? 의뢰인이 먼저 만지지 않았나요? 강아지를 멋대로 만지면 강아지는 가만히 있어야 하나요? 왜죠? 돈을 주고 강아지를 샀으니까요? 그런데 강아지도 그렇게 생각할까요? 돈을 냈으니 보호자 마음대로 자기 몸을 만져도 된다고 생각할까요? 강아지를 왜 입양했나요? 만지고 싶을 때 마음대로 만질 수 있는 살아 있는 장난감이 필요했던 겁니까? 의뢰인이 피곤하고 귀찮을 때는 좀 가만히 있었으면 좋겠는데 강아지한테는 '오프off 버튼'이 없어서 당황하셨나요? 보호자가 어떤 존재라고 생각하나요? 만지고 싶을 때 만지고 안고 싶을 때 마음대로 안을 수 있는 사람이 보호자인가요? 당신이 정말 강아지에게 진심으로 보호자였던 적이 있나요?"

조금 격하게 말하기는 했지만 강아지의 처지에서 생각해 보면 충분히 납득이 갈 만한 말입니다. 많은 사람이 강아지가 어떤 감정을 가지고 있는지 어떤 상태인지 제대로 알지도 못하면서 자신들이 하고 싶은 걸 못하게 됐다고 강아지에게 혼을 냅니다. 단지 잘못된 행동을 해서 올바른 훈육을 하려고 했다는 핑계와 함께요. 그런데 이는 대단히 무서운 생각입니다. 바꿔 생각해봅시다. 아무리 가까운 사람이라 할지라도 내 뒤통수를 툭툭 치고 내 몸을 더듬으면 당연히 화가 날 것입니다. 싫다는 표시를 했는데도 불구하고 계속 그런다면 얼마든지 몸싸움도 할 수 있을 것입니다.

강아지를 사랑하시지요?

맞아요. 사실 여러분은 아마도 제가 짐작할 수 없을 만큼 강아지를 사랑하고 있을 것입니다. 그러면 우선 그들의 목소리에 귀를 기울여보는 건 어떨까요? 강아지의 이상행동은 보호자의 행동에서 비롯되는 일이 많습니다. 인터넷이나 TV 프로그램에 나오는 매뉴얼 말고 여러분의 강아지에게 먼저 집중해 보세요. 그들도 사람이 다 제각각인 것처럼 다 다른 존재입니다. 사람의 기준에서 만든 매뉴얼이 그들에게 통할 수도 있고 통하지 않을 수도 있습니다. 만약 통하지 않을 때 강아지들이, 여러분이 사랑하는 바로 그 강아지가 받는 고통과 스트레스를 어떻게 할 건지요? 역지사지라는 게 꼭 사람에게만 쓰이는 말은 아니라는 것을 알아주시길 바랍니다.

제발, 이번만은
잘 키우고 싶어요

모든 사랑에는 기술이 필요합니다.
반려견을 기르는 일도 마찬가지입니다.

한 의뢰인의 이야기입니다. 입양한 지 두 달 된 어린 푸들이
대소변을 못 가린다며 제게 전화를 걸었습니다. 전화 통화로
간단하게 상담한 후, 처음 의뢰인의 집을 방문했을 때 집 안에
있는 강아지용품이며 장난감이 너무도 다양해 저는 강아지용
품 매장에 온 듯한 느낌을 받았습니다.

"강아지를 아주 좋아하시나 봐요."

저는 지나치게 많은 장난감과 용품을 보며 농담 섞인 말을 건넸습니다. 실제로 의뢰인은 강아지를 지극히 사랑하는 분이었습니다. 그분은 자신의 강아지가 대소변을 못 가려도 상관없다며, 그냥 집에서 강아지가 어디에 대소변을 가리도록 해야 할지 몰라서 저를 부른 거라고 하셨습니다. 강아지가 혹시 거실에 응가를 하면 그냥 치워주면 되고 오줌을 싸면 걸레질을 한 번 더 하면 되니 상관없다고 하셨습니다. 저는 그래도 한 장소에서 대소변을 가리게 하면 강아지를 더 청결하게 키울 수 있을 거라며 교육을 하나씩 시작했습니다. 교육을 하면서 이곳저곳을 살펴봐도 문제가 될 만한 것은 하나도 찾을 수가 없었습니다. 그래도 그분이 강아지를 더 잘 키울 수 있도록 필요한 팁을 드린 후 이런저런 이야기를 나누기 시작했습니다. 알고 보니 의뢰인은 음악가로 그 분야에서는 꽤 유명한 분이었습니다. 평소 강아지를 매우 좋아했는데 너무 바빠서 키울 자신이 없었다고 합니다. 의뢰인은 천천히 자신의 이야기를 하기 시작했습니다.

"중학교 때 마당에서 강아지를 한 마리 키웠어요. 하얀 진돗개라서 '백구'라고 불렀는데 아주 새끼 강아지 때부터 키웠죠. 굉장히 추운 날이었어요. 작은 진돗개가 시멘트 바닥에서 몸을 웅크리고 있는 모습이 너무 안쓰러워서 제 방에 데리고 들어왔어요. 이불 속에서 얼마나 예쁘게 있던지…."

그런데 아버지가 마당에 강아지가 없는 걸 알고 찾다가 의뢰인의 방에서 발견하고는 화를 내며 다시 강아지를 마당에 묶어놓았다고 합니다. 그때만 해도 아버지가 너무 무서워서 그분은 말 한마디도 못했답니다. 비가 올 때에도, 추운 겨울에도 진돗개는 밖에서 짧은 줄에 매인 채로 의뢰인의 방을 계속 쳐다보고 있었답니다.

"아직도 그때 그 아이 눈빛이 잊히질 않아요. 아버지는 옛날 사람이세요. 술을 한잔 하시면 그렇게 백구를 때리셨는데 백구가 우는 소리를 들으며 나도 방에서 얼마나 울었는지 모른답니다. 그 후 저희 집이 이사 갈 때 가족들은 백구를 버리고 갔습니다. 아직도 마음이 아파요. 가족들은 어린 여자아이가 예민한 감수성으로 잠깐 그런다고 생각했겠지만, 20년이 지난 지금도 그때 백구 생각을 하면 마음이 아파요. 얼마나 놀랐을까요? 3년을 같이 살던 가족이 자신을 버리고 떠났으니 얼마나 슬펐을까요? 우리가 이사한 다음 날 백구가 우리를 얼마나 찾았을까요? 요즘도 골목길을 걷다가 문득 줄에 매여 있는 강아지를 보면 그때 생각이 나요."

의뢰인은 아무것도 할 수 없었던 그때를 생각하며 마음 아파했습니다. 이번에도 깊이 고민한 끝에 어렵사리 입양을 결정했다고 합니다. 심지어 강아지를 입양하면서 일도 줄였다고 합니다. 의뢰인은 자신이 백구에게 빚진 기분이라고 했습니다. 그래서 새로 들인 강아지에게 한없이 잘해주고 싶고 불편하게 하고 싶지 않다고 말했습니다.

"이제는 정말 잘 키우고 싶어요."

이 한마디는 어쩌면 강아지를 키우는 모든 분의 공통된 마음일 것입니다. 실제로 많은 의뢰인이 제게 하는 말이기도 합니다. 많은 분들이 짧든 길든 강아지를 키운 경험이 있을 것입니다. 꼭 자신이 키우지는 않았더라도 옆집에 있는 강아지를 보며 자란 기억이 있을 테지요. 저 같은 훈련사를 불러서 시간과 돈을 투자해 교육을 받고 싶어 하는 분들은 강아지와 진심으로 잘 살아보고 싶은 마음을 가진 분들입니다. 그분들은 공통적으로 어릴 적 강아지를 키운 경험을 갖고 있습니다. 어쩌면 그분들의 기억 속에서 강아지는 아픈 기억으로 남아 있을지도 모릅니다. 아무것도 모르는 아이여서, 먹고살기 바빠서, 잠깐 한눈을 판 사이에 사고로, 그렇게 친구였던 강아지를 떠나보낸 경험이 한두 번쯤은 있을 겁니다. 특히 잘 몰라서, 강아지들이 어떤 생각을 하는지 잘 몰라서 강아지와 헤어질 수밖에 없었던 사람들이라면 그 안타까움이 더욱 클 것입니다. 마치 사소한 오해로 헤어진 첫사랑에 대한 마음처럼 말입니다.

"내가 그때 이걸 알았더라면…. 강 훈련사, 내가 처음 서울 올라와서 자취 생활을 하는데 적적해서 강아지 한 마리를 방에서 키웠거든, 근데 이놈이 나만 보면 오줌을 싸는 거야. 그래서 내가 그 작은 강아지를 발로 찼어. 그때는 뭐, 혈기도 왕성하고 그렇게 하는 게 교육인 줄 알았지. 그 뒤로도 한참을 그랬다가 그냥 다른 사람한테 줘버렸어. 그런데 지금 강 훈련사한테 이야기를 들으니 마음이 아프네. 그 녀석이 나한테 애정을 표현했던 거라니, 그때 내가 뭘 알았겠나? 강아지가 자기를 혼자 두고 나갔다 왔다고 괜히 날 괴롭히는 줄로만 알았지."

모든 사랑에는 기술이 필요하다고 생각합니다. 상대를 향한 마음만큼 기술이 따라주지 않아서 사소한 오해가 생기

고 관계를 망치기도 합니다. 반려견을 기르는 일도 마찬가지입니다. 일종의 축적된 노하우가 필요합니다. 현재 반려견을 둘러싼 환경이 좋은 나라들을 살펴보면 영국, 호주, 노르웨이 등 서구권 국가가 많습니다. 그들은 오랫동안 반려견과 함께하는 문화를 공유해왔습니다. 그들은 자신의 할아버지와 할머니로부터 반려견을 사랑하고 함께 행복해지는 기술을 배웠습니다. 반면 우리나라는 농경문화권이었기 때문에 개를 가축으로만 대해왔습니다. 반려견으로서 개와 함께한 시간이 상대적으로 짧았지요. 그렇기 때문에 아직 반려견과 관계된 문화나 정보, 연구 등 '반려견을 사랑하기 위한 노하우'가 부족한 편입니다.

앞으로는 바뀌어야 합니다. 반려견 인구가 이미 천만 명을 넘어섰습니다. 지금 우리는 과거 농경시대와는 완전히 다른 시대에 살고 있습니다. 반려견을 더 잘 키우고 싶다면, 자신과 반려견이 행복하길 바란다면, 공부해야 합니다.

비인도적인 생산에
반대합니다

그럼에도
제가 이런 이야기를 하는 건
사실을 알리고 싶기 때문입니다.

강아지를 교육하는 사람으로서, 강아지를 사랑하는 사람으로서, 아무리 노력해도 안 되는 일이 있다는 것을 인정하기란 정말 힘이 듭니다. 강아지 번식장, 즉 팻 팩토리Pet Factory 이야기입니다. 정말 많은 강아지가 이곳에서 태어납니다. 어릴 적 성남의 모란시장에서 본, 태어난 지 한 달 정도 된 강아지들이 사과 궤짝에 담긴 채 노점에서 팔리던 광경이 아직도 생생합니다. 강아지를 볼 수 있다는 생각에 장이 서는 날이면 신이 나서 쫓아가곤 했는데 지금 생각하면 너무나 안타까운 모습이었습니다.

한국에서 입양되는 강아지의 90%가 팻 팩토리에서 태어난다고 합니다. 저는 진심으로 이런 비인도적인 생산 방식에 반대합니다. 가끔은 집 가까이 있는 대형 마트 애완동물숍 코너에서 1인 시위라도 하고 싶은 마음입니다. 핏덩이 같은 강아지들이 배변 패드 위에 누워 잠을 자고 있습니다. 그들은 부모가 원해서 태어난 아이들이 아닙니다. 좁은 철창 안에서 강제로 교배돼 태어난 아이들입니다. 그들을 가둬놓은 유리창에는 여러 가지 신용카드 그림이 붙어 있습니다. 3개월 무이자 할부도 된다고 합니다. 생명이 아니라 값나가는 상품일 뿐입니다. 적어도 강아지를 사고파는 사람들에게는요.

답답합니다. '반려견 등록제'를 실시한다고 하는데, 유기견을 방지하기 위한 방법이라는데, 제 생각에는 순서가 잘못된 것 같아 보입니다. 보다 근본적인 방법은 팻 팩토리를 없애는 것입니다. 유기견 수를 줄이기 위해 중성화를 한다? 글쎄요. 한쪽에서는 강아지를 공장에서 물건 찍어내듯 하고 있는데 가정으로 입양된 반려견을 중성화한다고 해서 태어나는 강

아지의 개체수가 급감할 수 있을지 모르겠습니다. 건강한 부모견이 정상적인 교배 과정을 통해 새끼를 낳게 되면 많은 유전병이 사라질 수 있습니다. 그렇게 태어난 새끼들은 사회화 과정을 제때 잘 거칠 수 있기 때문에 이상행동을 하는 반려견의 수도 자연스럽게 줄어들 겁니다.

참 좋지 않나요? 팻 팩토리가 사라지면 모두가 좋지 않나요? 그런데 그런 게 아닌가 봅니다. 이미 팻 팩토리를 생계 수단으로 삼는 사람이 많습니다. 아픈 강아지가 많을수록 동물병원은 번창합니다. 이상행동을 하는 강아지가 많을수록 저 같은 훈련사들의 수입이 좋아집니다. 네, 팻 팩토리는 하나의 산업이 되어버렸습니다. 무작정 없애버리자 한들 없앨 수 있는 상황이 아닌 것이지요. 어떤 수의사는 병원도 운영하고 농장도 운영합니다. 어떤 훈련사는 개 훈련도 하고 교배도 시킵니다. 훈련사인데 개를 번식시키고 강아지를 분양합니다. 그 훈련사는 훈련만 잘 시키면 된다며 생후 2개월밖에 안 된 웰시코기를 강남 오피스텔에 혼자 사는 여성에게 입양을 보냅니다. 이런 경우 십중팔구는 유기견이 되거나 파양됩니다.

강아지를 공장식으로 번식시키는 그 잔인한 산업은 사실

우리나라 반려견 문화의 어두운 단면이며 저와 같은 관련 종사자들의 밥줄이기도 합니다. 강아지가 많이 태어나야 고급 사료, 동물병원, 용품, 훈련소, 호텔, 미용 등과 관련된 사람들이 먹고삽니다. 어쩌면 저 역시 이런 비인도적인 산업에 기대어 살아가고 있는지도 모릅니다. 그럼에도 제가 이런 이야기를 하는 건 사실을 알리고 싶기 때문입니다. 그래서 강아지들이 더 건강한 환경에서 태어나고 더 좋은 사람과 함께 자라나길 바라기 때문입니다. 그러니 지나가다 우연히 애견숍 안에서 잠들어 있는 강아지를 본다면 마냥 귀엽다고 쓰다듬고 충동적으로 살 일이 아니라 그 배경에 이런 비인도적인 일들이 일어난다는 것을 알아주셨으면 합니다. 한 사람이 아는 일이 두 사람이 아는 일이 되고 이렇게 점점 더 많은 사람이 알게 되면 언젠가 무분별한 팻 팩토리는 사라질 테니까요.

우리나라에 이토록
유기견이 많은 이유

한 해 반려동물 보호소에서
안락사 또는 폐사되는 유기 동물이
5만 마리에 가깝다고 합니다.

"우리 나라에는 유기견이 없어. 가끔 유기된 고양이는 있지만
유기견은 없지."

노르웨이에서 연수를 받을 때였습니다. 그곳의 반려견 행동
전문가 앤릴과 훈련을 위해서 차를 타고 이곳저곳을 돌아다닐
기회가 있었는데, 어느 날 문득 유기견에 대해 궁금해졌습니
다. 당시 우리나라 유기견들의 상황이 점차 안 좋아지고 있던

터라 자연스럽게 노르웨이의 유기견 정책은 어떤지 궁금했지요. 그래서 노르웨이에는 유기견이 어느 정도나 되고, 보호소는 어떻게 운영되며 보호 기간은 얼마나 되는지 한 번에 꽤 많은 질문을 했는데 그 답이 놀라웠습니다.

"우리 나라에는 유기견이 없어."

어떻게 보면 당연할 수도 있는 일이었지만 저는 무척 놀랐습니다. 아무리 반려견에 대한 정책이 잘 정비되어 있는 북유럽 국가라 해도 유기견 자체가 없다니…. 처음에는 앤릴이 농담하는 줄 알았습니다. 그러나 생각해 보니 그곳에 연수차가 있는 동안 유기견을 본 적이 단 한 번도 없었습니다. 그때는 그냥 깔끔한 동네라서 그런가 보다 했는데, 진짜로 없을 이야. 혹시나 하는 마음에 앤릴에게 다시 물었습니다.

"아예 없다고? 그럴 리가?"

여러 번 물어도 앤릴은 웃으면서 절대 없다고 했습니다. 노르웨이에서는 유럽의 다른 국가에서 유기된 강아지들을 국제 입양하기는 하지만 자국 내에서는 절대로 없다고 재차 강조했습니다. 수많은 유기견이 안락사를 당하는 우리나라 실정을 돌아봤을 때 부럽지 않을 수 없었습니다. 노르웨이뿐 아니라 미국이나 영국, 호주, 일본 같은 나라도 반려견과 관련된 정책이 발달해 있습니다. 유기견을 보호하는 시설도 잘 갖추어져 있고 새로운 보호자를 찾아주는 시스템도 잘되어 있습니다. 미국의 한 지역은 지역 전체가 거대한 유기견 센터로 운영되는데 이곳에서는 절대 안락사를 허용하지 않는다고 합니다. 다시 앤릴이 말을 이어갔습니다.

"유기견이 많은 나라의 특징은 펫 팩토리가 있다는 거야. 미국에서는 합법적으로 펫 팩토리를 운영할 수 있고 일본에도 하루에 몇 백 마리씩 태어나는 대형 펫 팩토리가 많이 있지. 너희 한국은 말할 것도 없고."

속으로 뜨끔했지만 내색하지는 않았습니다. 앞서 말한 것처럼 저 역시 펫 팩토리의 부정적인 영향에 대해서 잘 알고 있었으니까요. 한 해 반려동물 보호소에서 안락사 또는 폐사되는 유기 동물이 5만 마리에 가깝다고 합니다. 그중 개가 압도적으로 많지요. 많은 분의 노력으로 그 수가 점점 줄어들고 있다고는 하지만 아직도 다른 나라에 비하면 많은 편입니다.

노르웨이도 처음부터 그런 환경이었던 것은 아닙니다. 수많은 사람이 노력한 끝에 지금에 이른 것이겠지요. 그런 면에서 저는 우리나라 또한 노르웨이와 같은 환경이 될 수 있다고 생각합니다. 이미 활동을 하고 있는 많은 분과 앞으로 그 활동에 동참할 사람이 많아질 테니까요.

있는 그대로의
당신을 사랑합니다

여러분은 반려견에게
그런 사랑을 줄
준비가 되어 있나요?

호주에서 교육을 받을 때 홈리스들과 반려견이 함께 길거리
에 앉아 있는 모습을 가끔 볼 때가 있었는데 그때마다 도저히
그냥 지나칠 수가 없었습니다. 초췌한 모습의 그들은 더운 날
에도 누더기 옷을 걸치고 알 수 없는 잡동사니를 몸에 지닌 채
한 손에는 삐뚤빼뚤 'Help'라고 쓴 피켓을, 또 다른 한 손에는
개 줄 하나를 쥐고 있었습니다. 근처에만 가도 악취가 진동하
고 얼굴에 난 털에는 언제 먹다 묻힌 건지 모르는, 케첩처럼

보이는 소스가 대롱대롱 매달려 있었습니다. 저는 그 사람이 혹시 제 다리라도 잡을까 싶어 지레 겁먹고 피했지만 순하게 생긴 강아지는 그 사람 품에서 너무도 편안하게 잠자고 있었습니다.

이불이 있으면 이불 위에, 가방이 있으면 가방 위에, 신문지가 있으면 신문지 위에라도 올라가 언제나 그 녀석들은 나약하고 힘없는 그들 곁을 떠나지 않았습니다. 그런 모습을 보면서 저는 훈련사로서 많은 생각을 하게 됐습니다. 그들은 반려견들을 매우 다정하게 대했습니다. 가슴에 손을 천천히 대고, 등 뒤로 손을 천천히 옮기고, 머리에서 허리까지 천천히 훑어줍니다. 그러면 반려견은 지그시 눈을 감고 그들 옆으로 몸을 비비며 자리를 다시 잡고는 했지요. 어느 때인가 그 사람이 움직이지 않고 가만히 있는 모습을 본 적이 있습니다. 아마도 잠을 자는 거겠지요. 주인이 그러고 있으면 놀아달라고 재촉할 만도 하건만 옆에 있던 반려견은 가만히 그의 곁을 지키고 있었습니다. 소리조차 내지 않으면서 얌전하게 말이지요. 저는 그곳에서 반려견과 함께 있는 홈리스를 여럿 보았습니다. 그중 그 어떤 반려견도 험하게 생긴 초크체인Choke Chain, 쇠사슬처럼 생긴 조임줄을 하고 있지 않았고, 어떤 홈리스도 자신의 친구에게 화를 내거나 소리를 지르지 않았습니다. 그들은 그저 가만히 반려견과 함께 있을 뿐이었습니다. 얌전하고, 다정하고, 속 깊어 보이는 그들이 반려견을 대할 때 어느 누구도 강제로 복종시키려 하는 모습을 본 적이 없습니다. 그들은 같이 자고, 같이 걷고, 같이 쉬고, 같이 먹습니다. 그 모습을 보면서 여러 생각이 든 사람은 저뿐이 아니었나 봅니다.

"교육이 끝나고 집에 가는 길에 재미있는 모습을 봤어. 신호등이 바뀌기를 기다리는 사람들 사이에 홈리스로 보이는 노인과 덩치가 큰 개가 있었지. 파란불이 들어왔고 다들 길을 건너는데 그 노인이 몸이 불편한지 걸음이 느렸던 거야. 신호는 빨간불이 됐고 노인은 아직도 도로를 건너고 있었어. 차들이 빵빵거리며 노인 앞으로 지나는데 근데 그때 말이야, 먼저 도로를 건넌 큰 개가 뒤돌아서서는 노인이 길을 다 건널 때까지 짖더라고. 꼭 빨리 오라는 것처럼 말이야. 힘겹게 길을 다 건넌 노인을 보고 그 큰 개가 어찌나 반가워하던지, 그 모습을 보니 괜히 눈물이 나더라고."

반려견은 그런 존재입니다. 보호자가 어떤 모습이든 있는 그대로 보호자를 믿고 사랑하지요. 우리는 어떻습니까?

혹시 강아지가 조금 이상이 있다고 해서 화를 내거나 심지어 버린 적은 없는지요? 한 강아지가 보호자가 자신을 버린 줄도 모르고 끝까지 기다리다 구조되었다는 이야기를 들어본 적 있을 겁니다. 반려견에게 여러분은 그런 사랑을 줄 준비가 되어 있는지요?

저는 반려견을 교육하는 사람입니다. 의뢰를 받고 반려견의 문제를 해결하는 데 도움을 줍니다. 반려견의 행동을 바꾸고 싶으세요? 반려견의 행동을 힘들이지 않고 근본적으로 바꾸는 방법은 없습니다. 그 무엇보다 당신이 반려견을 얼마나 진심으로 대하는지가 중요합니다. 진심으로 그들의 친구가 되어주세요. 그러면 반려견들은 어느새 변해 있을 것입니다. 사랑을 준 만큼 되돌려주는 게 반려견이니까요.

Part 02

그럼에도
개를 키우려는
당신을
위하여

좋은 반려견을
입양하려면

강아지를 애견숍이나 대형 마트를 통하지 않고 어떻게 입양하는지 묻는 분이 많습니다. 그분들도 팻 팩토리에서 태어난 강아지를 입양하면 안 된다는 것에 동의하며 가족이 될 강아지가 부디 건강한 환경에서 부모견의 보살핌을 받으며 자란 녀석이었으면 좋겠다고 합니다.

"그럼 강아지를 어디서 입양하는 게 좋을까요?"

"저는 정말 올드 잉글리시 시프도그Old English Sheepdog, 영국에서 개량된 털이 많은 양몰이견를 키워보는 게 꿈입니다."

"훈련사님이 말하는 그런 좋은 환경에서 태어나고 자란 건강한 강아지를 입양하고 싶은데 어떻게 해야 하는지 알 수가 없네요."

지난 주말에 한 의뢰인이 강아지 한 마리를 입양했습니다. 저와 오랜 시간 상의하고 기다리다가 결국 의뢰인이 스스로 알아보고는 경기도 여주의 한 농장에서 어린 진돗개를 입양했습니다.

"강 훈련사. 내가 자네 뜻은 알겠지만, 정말 그렇게 강아지를 키우는 사람이 있기는 한 건가? 자네도 알다시피 내가 재작년부터 진돗개 강아지를 찾아봤지만 자네 말처럼 그렇게 바람직하게 강아지를 번식시키고 키우는 사람은 볼 수가 없었어."

그 의뢰인은 건강한 진돗개를 입양하기 위해 오랫동안 여러 곳을 알아보았습니다. 그중 몇몇 강아지는 마음에 들어서 입양하려고도 했습니다. 그런데 그때마다 제가 여러 가지 이유로 입양을 권하지 않으니 꽤나 답답했나 봅니다. 사실,

의뢰인이 강아지를 스스로 알아보고 입양한다고 했을 때 저는 차라리 잘됐다는 생각이 들기도 했습니다. 쓸쓸한 일이지만 저 역시도 그 의뢰인에게 적합한 브리더breeder, 개나 고양이 등을 전문적으로 교배하고 분양하는 사람를 찾을 자신이 없었기 때문입니다. 특히 우리나라에서는 더더욱 그랬습니다. 이 문제로 영국에서 진돗개를 키우고 도그쇼에 데리고 나가기까지 했던 진돗개 브리더에게 메일을 보내 상의한 적도 있는데 그럴 때마다 혼자 쓴웃음을 짓기도 했습니다. '우리나라가 진돗개의 원산지인데, 내가 영국에서 진돗개 키우는 분을 찾아야 하나?' 하는 생각이 들어서지요. 사실 제가 강아지를 찾을 때 중요하게 고려했던 점은 그리 대단한 것이 아닙니다.

1) 부모견이 건강해야 하고 그 상태를 증명할 수 있어야 한다.
2) 부모견은 보호자와 가까운 유대관계를 맺고 있어야 하며 적절한 사회화가 되어 있어야 한다.
3) 부모견의 성품을 확인할 수 있어야 한다.
4) 번식을 목적으로 키워진 어미견이 아니어야 한다.
5) 어미견과 새끼는 청결한 공간에서 생활해야 하며 강아지의 발달과정을 존중한 훈육이 이뤄졌어야 한다.

위의 내용은 당연한 이야기입니다. 특히 진돗개의 특성상 강아지를 입양할 때에는 강아지의 성격이 얼마나 예민한지, 스트레스를 받으면 이빨을 사용하는지 등을 확인하는 것이 매우 중요합니다. 그리고 다른 견종에 비해서 사회화 과정이 극히 짧은 편이기 때문에 생후 3주부터 적절한 자극과 스트레스에 대한 면역력을 길러주어 앞으로 도시 생활에서 생길 수 있는 다양한 위험 요인을 극복할 수 있도록 교육해야 합니다. 특히 스트레스를 받으면 이빨을 쓰는 부모견 밑에서 자란 강아지들은 앞으로 커가면서 똑같이 이빨을 사용할 확률이 높기 때문에 반드시 앞의 상황들을 확인해야만 했습니다.

아직도 대전으로 팔려갔다가 주인을 찾아 진도로 돌아온 진돗개 이야기를 좋아하는 분이 많지만 다른 관점에서 보면 다양한 환경과 상황에 대한 적응력이 비교적 낮은 진돗개의 성향을 단적으로 보여주는 사례라고 할 수 있습니다. 아파트나 다른 집단 주거 형태에서 층간 소음이나 외부 소리, 배달부나 외부 사람, 익숙하지 않은 소리 등에 대한 경계심을 강하게 보이는 이런 성향이 때론 이상행동으로 여겨질 수 있기 때문에 진돗개를 어떠한 방향으로 번식하고 개량하며 교육해야 할지에 대해서 많은 고민이 필요합니다. 그러니 제 입장에서는 더욱더 고민할 수밖에 없었지요.

많은 예비 보호자가 제게 묻습니다. 누구한테 어떤 강아지를 입양하는 것이 좋냐고. 항상 비윤리적인 공장식 번식에 대해서 비난하지만, 그렇다면 그 대안으로 어떻게 해야 하는지 설명하지 못하고 있습니다. 다행인 것은 도그 브리더Dog Breeder를 꿈꾸는 사람이 많은 것으로 들었습니다. 그들이 올바른 가치관을 가진 좋은 브리더가 되어서 앞으로 우리나라에도 건강한 강아지가 더 많이 태어났으면 좋겠습니다.

좋은 브리더는 훈련사만큼이나 반려견 문화에 많은 영향을 끼친다고 생각합니다. 대회 수상 경력을 이야기하고 혈통에 대해서 자신 있게 떠벌리며 광고하는 사람보다 정말 자신의 강아지를 잘 키울 수 있는 사람에게만 분양을 하는 브리더가 많아졌으면 좋겠습니다. 상품처럼 입양 후 15일 내에 질병이나 폐사 시 교환 또는 환불을 보장해주기보다 언제까지나 많은 사람이 강아지와 행복하게 살 수 있게 도와주며 고민하는 브리더가 많았으면 좋겠습니다.

좋은 브리더가 많지 않은 우리나라 상황에서 강아지를 입양하는 또 다른 방법은 유기견을 입양하는 것입니다. 강아지를 진정으로 좋아하고 보호하고 싶은 분들이라면 유기견 입양을 추천합니다. 주의해야 할 것은 유기견이 센터에서 그저 공짜로 분양받는 존재가 아니라 인간에게 한 번 혹은 몇 번이나 상처를 입은 가여운 친구들인 만큼 다시는 상처를 주지 말아야 한다는 것입니다. 유기견을 마지막까지 보호할 각오가 되어 있는 분들만 입양하기를 부탁드립니다. 이미 전국에 수십 곳의 유기견 보호센터가 있고 그곳에는 상당수의 유기견이 안락사를 당할 처지에 놓여 있습니다. 가까운 곳을 검색해보고 직접 방문해 잘 키울 수 있는 강아지를 찾아보시기 바랍니다.

`

올바른 강아지 입양법

기를 환경을 고려해 견종을 선택한다.

우리 가족이 사는 곳, 라이프스타일, 가족 구성원의 성향 등에 맞춰 견종을 선택하되, 예쁘다는 기준으로만 견종을 선택해서는 절대 안 됩니다.

좋은 브리더를 찾는다.

팻 팩토리가 아니라 부모견의 건강관리, 강아지들의 사회화 과정 등을 충분히 생각하는 브리더를 수소문합니다. 좋은 브리더를 만났다면 그가 다 알아서 해줄 것입니다.

유기견 입양을 고려한다.

좋은 브리더를 찾지 못했다면 유기견 입양을 고려해야 합니다. 단, 자신이 끝까지 책임질 수 있을지 스스로 계속 되물어서 돌보기를 포기하는 일이 없도록 합니다.

강아지의 생후 개월 수를 확인한다.

강아지가 생후 몇 개월 됐는지 확인해 그에 맞는 적절한 조치를 취합니다. 특히 생후 2개월 미만의 강아지는 입양할 때 심사숙고해야 합니다.

입양 전 반드시
알아야 할 것들

강아지를 입양할 때 태어난 지 얼마나 지난 강아지를 입양하는 것이 좋은지를 고려하는 것은 매우 중요합니다. 많은 사람이 생후 2개월경의 강아지를 입양하라고 추천합니다. 저 역시 생후 8~10주가량 된 강아지를 입양하기를 권합니다. 단, 조건이 있습니다. 단지 생후 8~10주 된 강아지만을 의미하는 것이 아니라 생후 8~10주 동안 어미견과 형제들 사이에서 자란 강아지를 추천합니다. 강아지의 입양 시기는 육체적인 발육상태만을 고려해 결정하는 것이 아닙니다. 정서적인 발육도 매우 중요합니다. 어미견과 형제들 사이에서 지낸 강아지는 육체적으로도 정신적으로도 건강할 수밖에 없습니다. 매우 열악한 환경 속에서 태어났다 하더라도 어미견은 새끼를 최선을 다해 보살피며 성견으로 자라는 데 필요한 행동과 감정을 가르칩니다. 하지만 현실은 너무 안타깝습니다.

많은 애견숍이나 마트에서는 생후 2개월 된 강아지를 분양한다고 광고하며 정직함을 내세웁니다. 예전 어떤 애견호텔에서 강아지를 분양한다는 광고를 본 적이 있습니다. 생후 40일가량 된 강아지가 들어왔는데 너무 어려서 분양을 하지 않는다는 내용이었습니다. 덧붙여 자신들이 예방접종 및 수유 등을 하며 한 달간 더 정성껏 보살피다가 생후 2개월이 되면 분양할 예정이니 소비자들은 믿고 입양해도 된다는 이야기였습니다. 언뜻 보면 믿을 만한 광고 같습니다. 양심적으로 운영하는 듯한 뉘앙스도 풍깁니다. 그런데 이런 광고 내용을 무턱대고 믿으면 안 됩니다. 그 애견호텔에서 한 달간 더 정성껏 보살핀다고 해서 강아지가 어미견으로부터 배우는 사회화 과정을 제대로 거칠 수는 없습니다. 또 강아지 스스로 자신의 감정을 올바르게 표현할 수 있는 방법을 배울 수도 없습니다.

인위적으로 적응 훈련을 거친다고 해도 그건 흉내 내기일 뿐입니다. 중요한 것은 생후 몇 개월인지가 아니라 강아지가 어미견과 얼마나 있었느냐는 것임을 꼭 기억해주십시오.

반려견도 즐거움을 느낄 수 있어야 합니다. 또한 누군가와 분리되는 것을 슬픔으로 느낄 수 있어야 합니다. 내가 상대를 아프게 할 수 있다는 것도 알아야 합니다. 감정을 올바로 표현할 수 있어야 진짜 건강한 것입니다. 그리고 새로운 것이 두려움이 아니라 설렘이라는 것도 알아야 합니다. 이런 것들은 보호자가 가르쳐주는 게 아니며 훈련사가 가르칠 수 있는 것도 아닙니다. 그러니 부디 강아지를 분양하는 분들은 8~10주 동안은 그들이 어미견과 형제들 속에서 잘 지낼 수 있는 환경을 마련해주시기 바랍니다.

우리는 자동차 하나를 선택할 때에도 보험료, 연비, 색상, 가격, 용도 등 많은 것을 고려합니다. 그런데 평생을 같이할 가족을 맞이하는 데 우리는 때로 얼마나 충동적이고 무책임한지 모릅니다. 혹시 앞으로 강아지를 입양하려고 계획 중이거나 주변에 계획 중인 지인이 있다면 꼭 생후 8~10주까지 어미견과 형제들 사이에서 컸는지 확인해보길 당부 드립니다.

건강한 강아지를 입양하려면?

유치가 충분히 나와 있는지 확인한다.

생후 2개월 된 강아지라고 하는데도 이빨조차 제대로 나와 있지 않은 경우가 많습니다. 애견숍이나 마트에 있는 강아지가 대부분 그런데, 이는 보통 두 가지 이유 때문입니다. 제대로 먹지 못했거나, 생후 8주가 안 됐거나. 애견숍이나 마트에서는 고의로 강아지의 개월 수를 속이는 경우도 있으니 주의해야 합니다.

마트나 애견숍의 강아지는 입양을 지양한다.

어미견이 강아지를 어떻게 대하고 보살피는지 예비 보호자는 꼭 두 눈으로 확인해야 합니다. 마트나 애견숍의 강아지는 이런 과정이 생략된 경우가 많으므로 가능한 한 입양을 지양해야 합니다. 돈 주고 살 것은 봉제 인형이지 가족이 아닙니다.

예쁜 강아지가 아니라, 건강한 강아지를 입양한다.

우리 눈은 항상 비정상적인 것에 매료되는 경향이 있습니다. 강아지는 머리가 크고 몸이 작아야 예쁘다고 느끼는 것도 이 때문이지요. 주둥이는 먹이 하나 씹을 수 있을지 걱정될 정도로 짧고, 걸음걸이도 어설프고 뒤뚱뒤뚱 걷는 비정상적인 강아지를 입양하는 일은 그만큼 강아지를 버릴 수 있는 가능성이 높아진다는 것을 꼭 알아야 합니다. 흔히 말하는 예쁜 강아지는 사람들이 돈을 벌기 위해 근친 교배 등을 통해서 태어난 강아지라는 점을 염두에 두고 그런 산업에 동조하지 말아야겠습니다.

반려견 이름 짓기,
2음절이면 충분하다

중요한 것은
보호자가 자신의 이름을 부를 때
기분 좋은 일이 일어난다는 사실을
인식시키는 것입니다.

처음 강아지를 입양했을 때 고민하는 것 중 하나가 이름을 지어주는 일입니다. 어떤 의뢰인은 애써 지어줬다가 맘에 안 들어 한참 뒤에 바꾸려고 했더니 강아지가 잘 알아듣지 못해 힘들었다고 합니다. 어떻게 보면 간단한 일일지도 모르지만 이름이란 게 사람에게도 강아지에게도 평생을 따라다니는 것이니 만큼 어렵고 중요한 문제일 수 있습니다. 다른 점이 있다면 사람의 이름을 짓는 일은 부모 입장에서 아이가 어떻게 자랐으면 좋을지를 고려해 일종의 '의미'를 부여하는 일이지만 강아지는 그 의미를 이해하지 못하므로 다른 방식으로 접근해야 한다는 것입니다. 강아지의 이름은 그냥 좋은 뜻으로 끝나지 않습니다. 어려운 이름이나 강아지가 이해하기 힘든 이름은 강아지에게 혼란을 주기 때문이지요. 그래서 우리가 강아지의 이름을 지을 때 고려해야 할 점이 있습니다. 크게 두 가지입니다.

첫째, 2음절이어야 한다.
둘째, 모음으로 끝나면 안 된다.

우리는 이름 뒤에 '~아', '~이', '~야'를 붙이기 좋아합니다. 하지만 반려견들은 이렇게 울리고 늘어지는 모음으로 된 소리를 잘 알아듣지 못합니다. 강아지들이 쉽게 인식할 수 있는 것은 2음절로 된 이름입니다. 강아지 이름을 가끔 3음절로 짓기도 하는데 되도록이면 2음절이 좋습니다. 그러나 이름이 3음절이라고 해서 그리 상심할 일은 아닙니다. 모음으로 끝나는 이름도 마찬가지고요. 강아지들이 이해하는 데 조금 어려움을 겪기는 하지만 전혀 못 알아듣는 것은 아니니까요. 또 얼마든지 잘 알아듣도록 교육할 수 있습니다. 단지 강아지가 조금이라도 이해하고 알아듣기 편하게 하기 위해서는 우리가 사용하는 청각적인 신호들을 간결하고 명확하게 해주는 것이 좋다는 이야기입니다. 강아지를 입양한 지 얼마 되지 않았다면 이름을 불러도 강아지가 잘 오지 않을 수 있습니다. 자신의 이름을 아직 인지하지 못해서입니다. 그렇다면 지금부터 강아지가 기분 좋게 이름을 인식할 수 있는 방법을 알아보겠습니다.

파블로프는 강아지 실험으로 유명한 사람입니다. 먹이를 주기 전에 종을 치는 것을 반복했더니 나중에는 종만 쳤는데도 강아지가 침을 흘린다는 사실을 발견했고 이를 토대로 조건반사 현상을 발표한 사람이지요. 강아지에게 이름을 알려줄 때에도 마찬가지입니다. 이름을 불러주고 적당한 보상을 해주는 것이지요. 이렇게 하면 강아지는 보호자가 자신의 이름을 부르는 것을 기분 좋은 일로 인식하게 됩니다.

먼저 강아지 이름을 부릅니다. 그리고 여기에 반응하면 먹이를 조금씩 줍니다. 이름을 부르고 먹이를 주고, 또 이름을 부르고 먹이를 주고…. 어떻습니까? 간단하지요? 그런데 어떤 분들은 적당한 보상을 먹이 말고 쓰다듬거나 만지는 것으로 해주기도 합니다. 그런데 이는 강아지의 성향에 따라 좋지 않을 수도 있습니다. 이름을 지어줄 만큼 새끼 강아지라면 만지는 것 자체에 스트레스를 받는 경우가 종종 있기 때문이지요. 중요한 것은 보호자가 자신의 이름을 부를 때 기분 좋은 일이 일어난다는 것을 인식시키는 것입니다. 그러니 혹시 스트레스를 받을 수 있는 일을 하는 것보다 확실한 보상인 먹이를 주는 것이 더 좋겠지요?

불러도 강아지가
오지 않는다고요?

"이리 와~, 이리 와! 이리 안 와? 야! 이리 오라고! 너 안 되겠다! 혼 좀 나야겠어!"

어릴 적 학교에서 선생님이 부르면 바로 달려갔던 게 기억납니다. 이유는 잘 모르겠습니다. 그냥 그렇게 해야 했던 것 같습니다. 초·중학교 때에는 운동을 했는데 운동부라서 그런지 관장님이나 선배들이 부르면 어김없이 곧장 달려가야 했습니다. 조금이라도 늦으면 남아 있는 사람들이 힘들게 되니 다른 생각을 할 수 없었습니다. 어릴 적 아버지도 제게 훈계를 하실 때는 거실에 앉아서 이렇게 말했습니다.

"매 가지고 와!"

애견훈련소에서 견습생 생활을 할 때도 마찬가지였고 군대에서도 그랬습니다. 아마 우리나라에서 성장한 분들은 어른이나 선배가 모이라고 하는 명령이 얼마나 위압적인지 잘 알고 있을 것입니다. 그래서 그런 걸까요? 가끔은 강아지한테도 이렇게 명령합니다. 언젠가 한 의뢰인이 이렇게 물었습니다.

"훈련사님, 제가 주인이니까 강아지한테 오라고 명령했는데 안 오면 혼내고 억지로라도 데리고 와야 하나요?"

많은 사람이 자신이 어떤 명령을 했는데 반려견이 따르지 않으면 당황하고 언짢게 생각합니다. 예전에 진돗개를 키우던 분이 있었는데 어느 날 함께 등산을 하다가 토끼를 보고 진돗개가 산속 깊이 쫓아 들어갔다고 합니다. 너무 놀란 의뢰인이 돌아오라고 소리를 쳤지만 토끼에 정신이 팔린 진돗개는 뒤도 돌아보지 않았죠. 동네 친구들과 해가 질 때까지 찾아봤지만 찾을 수 없었다고 합니다. 의뢰인은 너무 놀라 제게 전화를 해서는 어떻게 해야 하는지 물었습니다. 의뢰인은 걱정도 되었지만 한편으로 돌아오지 않는 강아지에게 화도 났다고 합니다. 한참이 지나서야 진돗개는 제 발로 집에 찾아왔고 마침 담배를 피우러 나갔던 의뢰인이 개를 발견했다고 합니다. 사실 저는 조금 걱정되었습니다. 돌아온 진돗개를 그 의뢰인이 혼낼까봐서요. 다행히 정말 그 개를 사랑하는 분이어서 꼭 끌어안아줬다고 합니다.

반려견이 왜 "이리 와!"라는 명령에 보호자한테 돌아와야 하나요? 만약, 이 소리를 듣고 마지못해 다가온 강아지를 혼낸다면 그 강아지는 "이리 와!"를 어떻게 생각할까요? 반려견은 한 단어에 한 가지 이상의 의미를 부여하는 게 어렵습니다.

목욕을 하기 전에 "이리 와!"라고 한 뒤 목욕을 한다면?
발톱을 깎아주기 전에 "이리 와!"라고 말하고 발톱을 깎아준다면?
그러면 "이리 와"는 강아지에게 어떤 의미로 전달될까요?

저는 군대 시절 "집합!"이라는 소리가 너무 싫었습니다. 혼내고, 잔소리하고, 때리고…. "집합!" 소리만 들으면 벌써 얼굴이 어두워졌습니다. 어떤 보호자는 혼내려고 강아지를 부릅니다.

"땡칠이 이리 와! 너 왜 이렇게 했어? 누가 이렇게 하래? 혼이 나야 다음부터 안 하지!"

땡칠이도 제 마음과 같을 것입니다. 이제부터 "이리 와!"를 "이리 와~"로 바꿔보는 건 어떨까요? 강아지에게 "이리 와"를 즐거운 일로 인식시키는 게 중요합니다.

"훈련사님 왜 우리 강아지는 부르면 안 오죠?"

누군가 제게 이런 질문을 하면 저는 이렇게 답합니다.

"강아지가 의뢰인을 싫어하나 봅니다."

켄넬
올바르게 사용하는 법

보호자가 꺼내줄 때까지 나올 수 없다면
그곳은 반려견을 위한 공간이라 할 수 없습니다.

몇몇 사람은 반려견이 보호자를 기다릴 때 켄넬kennel에 있는 것이 더욱 편하다고 말합니다. 실제로 켄넬은 평소 우리가 자주 사용하는 반려견용품 중 하나이며 용도도 다양합니다. 그래서 어린 강아지 때부터 천천히 켄넬에 적응하는 법을 배우면 공공시설을 이용할 때나 멀리 비행기를 타고 이동할 때 반려견이나 보호자의 스트레스가 줄어들 수 있습니다.

그런데 어떤 분들은 평소 집에서 생활할 때에도 반려견을 켄넬에서 지내게 해야 한다면서 외출할 때에나 잘 잘 때에도 언제나 켄넬에 들어가 있게 합니다. 반려견들에게도 그들만의 공간이 필요하다는 것이 그 이유입니다. 그 옛날 인간과 살기 전부터 동굴 생활을 했기 때문에 반려견들은 익숙한 공간 안에서 편안함을 느낀다는 것입니다. 언뜻 일리가 있어 보이기도 합니다. 우리에게도 자기만의 방이 필요하니까요. 생각해보면 늑대들도 동굴에서 살았고 예전 시골에 가보면 마루 밑에 누렁이와 바둑이가 들어가서 쉬는 모습도 본 적이 있습니다.

"그럼 켄넬을 구입해서 그 안에 들어가게 하면 우리 강아지가 좋아하겠구나!"

정말 그럴까요? 동굴은 스스로 들어가고 나오고 싶을 때 나올 수 있습니다. 마루 밑도 스스로 쉬고 싶고 숨어 있고 싶어서 들어가는 곳입니다. 하지만 켄넬은 들어가면 끝입니다. 보호자가 꺼내줄 때까지 나올 수가 없습니다. 이게 자기만의 공간인가요? 어떻게 이곳에서 편안함을 느낄 수 있지요? 가끔 의뢰인들이 하는 이야기를 들을 때면 제가 어디서부터 어떻게 이야기를 해드려야 할지 모를 때가 많이 있습니다. 인터넷에서 보니 집은 작으면 작을수록 좋다고 하는 말도 있고, 용품점에서 리트리버한테 라면 박스만 한 켄넬을 추천했다는 이야기도 들립니다. 켄넬은 편안히 쉬는 곳이어야 합니다. 절대 갇혀 있는 곳이 되어서는 안 됩니다.

출근할 때 강아지를 켄넬에 넣어두면 그 강아지가 당신이 퇴근해서 돌아올 때까지 그곳에서 편하게 가만히 기다리고 있을까요? 단순하게 생각해봅시다. 우리 인간도 같은 무리동물이고 동굴 생활을 했습니다. 그러나 누군가 당신을 그 좁은 공간에 넣어두고 문을 닫아버렸다면 어떤 기분일까요? 이건 형벌입니다. 죄를 지은 사람에게나 어울리는 일이지요. 부모님이 출근한다고 우리를 비좁은 상자에 가두고 간다면 기분이 어떻겠습니까?

물론 어떤 반려견은 켄넬 안에 있는 것을 좋아합니다. 하지만 그 안에서 강제로 생활하는 것은 다른 이야기입니다. 오랜 시간 켄넬 안에 두었는데도 강아지가 얌전히 있는다고요? 그건 나갈 수 있다는 생각을 포기한 것뿐이지 결코 편안해서 그런 것이 아닙니다. 서커스단에 잡혀온 코끼리와 같은 모습

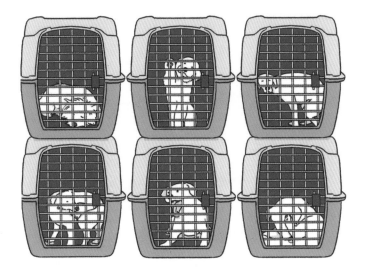

이지요. 코끼리가 어릴 때 다리를 작은 나무에 묶어두면 커서 충분히 그 줄을 끊을 수 있는 힘이 생기더라도 스스로 줄을 끊을 수 없게 됩니다. 마찬가지입니다. 이런 식으로 교육받은 강아지들 중에는 화장실 가는 시간과 운동하는 시간을 빼고는 켄넬 안에서 나오지 않으려고 하는 경우가 정말 너무 많습니다. 화장실 가는 시간과 운동하는 시간 약 2시간을 빼고는 무려 하루 22시간을 켄넬 안에 갇혀 있는 반려견이 있다는 말입니다. 이것은 반려견에게 바깥세상의 기쁨을 빼앗아버리는 행동입니다. 그들도 우리처럼 느끼고, 생각하고, 기대하고, 설레고, 아파합니다. 오랜 시간 켄넬 안에서 갇혀 있는 강아지들은 어떤 생각을 할까요?

1) 미용을 하기 위해서 잠깐 켄넬에서 기다릴 수 있습니다.
2) 교육을 받기 전 잠시 켄넬에서 쉬고 있을 수 있습니다.
3) 집에 손님이 왔을 때, 그 손님이 반려견을 무서워한다면 켄넬에서 있을 수 있습니다.
4) 버스나 택시 같은 대중교통을 이용하면서 잠깐 켄넬 안에서 있을 수 있습니다.

하지만 켄넬에서 하루 종일 살게 해서는 안 됩니다. 분리불안 증상이 문제라면 보호자가 돌아올 거라는 것을 가르치고 편안히 분리되는 법을 가르쳐주면 됩니다. 집을 엉망으로 망쳐놓는다면 왜 혼자 있을 때 그런 행동을 하는지 원인을 파악하고 문제를 해결해주면 됩니다. 생각하기 싫어하는 현대인은 자꾸자꾸 쉬운 쪽으로만 보고 듣고 자신이 편한 쪽으로 합리화하려고만 합니다. 쉽게 얻은 것에는 반드시 부작용이 있습니다. 그것이 생명과 관련한 일이라면 더욱 그렇습니다. 한번 생긴 부작용은 쉽게 고치기 어렵습니다. 우리 편하자고 강아지들을 희생시키는 것은 너무 이기적인 것 아닐까요? 집에서 켄넬을 사용할 때에는 반드시 문을 열어놓아야 합니다. 언제든 강아지 스스로 선택해서 들어가고 나올 수 있는 환경을 만들어주어야 합니다. 절대로 혼자 있을 때 가두는 용도로 사용해서는 안 됩니다.

켄넬 고르는 법

1. 일어섰을 때 귀가 천장에 닿지 않는 높이여야 한다.

2. 강아지가 켄넬에 들어가서 한 바퀴를 돌았을 때, 켄넬 벽에 몸이 닿지 않을 정도의 공간이 있어야 한다.

3. 뒷다리를 옆으로 뻗고 편안히 엎드릴 수 있는 크기여야 한다.

4. 환풍구가 있어야 한다.

어떤가요?
지금 당신이 가지고 있는 켄넬은 조금 작지 않은가요?

'퍼피 라이선스'라고
들어보셨나요?

우리는 모두 기회를 갈망하지만
통제할 수 있는 대상,
특히 반려견에게는 기회를 주려하지 않습니다.

언젠가 한 의뢰인의 집에 갔는데 귀여운 골든 리트리버 강아
지가 있더군요. 많은 강아지를 봐왔지만 정말 사랑스러웠습
니다. 충동적으로 강아지를 한 마리 더 입양하는 문제에 대해
아내와 이야기를 나눴습니다. 그런데 역시 늘 그렇듯 똑같은
이야기로 끝이 났습니다.

"아니야, 아니야. 지금은 안 돼!"

강아지를 키우는 건 그리 쉬운 일이 아닙니다. 이 이야기는 몇 번을 강조해도 모자랍니다. 많은 책임이 따르고 내 생활을 강아지와 함께 나눌 각오를 해야 하는 일이니까요. 그런 각오 없이 또 강아지를 입양한다면 저 역시 다른 많은 무책임한 사람들과 똑같은 사람이 되겠지요. 골든 리트리버를 보면서 느낀 이야기를 하려고 합니다.

'퍼피 라이선스 Puppy License'

이 말은 생후 4개월에서 5개월 사이의 강아지는 무슨 실수를 하던 혼내지 않도록 하자는 취지로 유럽의 유명한 반려견 훈련사 투리드 루가스 Turid Rugaas가 만든 타이틀입니다. 저역시 이 말에 동의합니다. 그리고 많은 분에게 알리고 싶습니다. 모든 강아지에게는 '퍼피 라이선스'가 있습니다. 종이를 물어뜯어도 괜찮고 아무 데서나 실수해도 괜찮다는 이야기입니다. 이런 강아지가 있는 집에서는 보호자가 주의해야 하겠지요. 강아지는 물고, 뛰고, 달리고, 점프하고, 땅 파고, 화분 넘어뜨리고, 핥고, 잠자고, 쉬하고, 싸우고, 먹이를 보고 달려드는 게 당연하기에 우리는 그들을 이해해야 할 의무가 있습니다. 우리는 모두 반려견을 기르는 보호자이니까요.

많은 사람은 강아지가 아주 어린 새끼일 때부터 행동 하나하나를 통제하고 싶어 합니다. 이유는 잘못된 행동을 배울까 봐서인데, 사실 강아지들은 그 물건이 무엇인지 알아보기 위해서 깨물고, 핥고, 냄새를 맡는 것입니다. 이상하게도 우리는 '기회'를 주는 데 인색한 편입니다. 우리 자신은 모두 기회를 갈망하지만 우리가 통제할 수 있는 대상에게는 특히 기회를 주려고 하지 않습니다. 반려견에게도 마찬가지입니다. 하나하나 간섭하고 생각을 하지 못하게 합니다. 그냥 가만히 있기를 바라지요. 어떤 의뢰인은 강아지가 움직인다고, 어떻게 해야 할지 모르겠다고 문의하기도 합니다. 웃기는 일입니다. 강아지가 움직이는 게 당연한 건데 이렇게 자연스러운 것을 못마땅해 하다니요. 어쩌면 우리는 반려견들이 자유롭게 생각하고 행동하는 일을 그냥 바라봐주는 게 힘든가 봅니다.

강아지들은 어린 시절 많은 것을 보고 듣고 느껴야 합니다. 강아지가 거실에서 볼일을 봤다고 해서 그것이 습관이 되지 않습니다. 강아지가 슬리퍼를 깨물었다고 해서 앞으로도 계속 슬리퍼를 깨물지는 않습니다. 단지 강아지는 소변을 참지 못했던 것이고, 화장실을 찾던 중 참지 못하고 실례를 했을 가능성이 더 큽니다. 성장하면서 대장 근육과 괄약근이 강해지면서 화장실로 가는 길에 못 참고 실수하는 일은 점차 줄어들게 됩니다. 슬리퍼를 깨무는 것은 그냥 슬리퍼가 궁금해서입니다. 슬리퍼를 깨물었다고 해서 혼을 내거나 놀라게 하면 보호자 스스로가 그 슬리퍼에는 문제가 있고, 슬리퍼 자체가 나쁜 것이라고 강아지에게 알려주는 것과 같습니다. 아마도 강아지는 슬리퍼가 있는 곳에서는 항상 문제가 생길 거라고 생각할지도 모릅니다. 그리고 불안해하거나 두려움을 느낄 것이고 이런 감정은 배변 실수나 분리불안 등 우리가 예상하지 못했던 이상행동으로 나타나게 됩니다. 새끼 때에는 혼내면 안 됩니다. 두려움을 느끼게 해서도 안 됩니다. 적절한 사회화와 동시에 마음껏 행동할 수 있는 기회를 제공받은 반려견은 분명히 건강하고 안정적인 성견으로 자랍니다. 안 좋은 버릇이 생기면 어떻게 하냐고요? 걱정 마세요. 보호자와 신뢰만 탄탄하다면 안 좋은 버릇이 생길 수 없습니다. 만약 생겼다 해도 금세 깨닫고 다시 배울 수 있습니다.

'퍼피 라이선스' 제대로 지켜주려면

많은 생각을 하게 하자.

강아지가 4, 5개월이 될 때까지는 많은 동작을 가르치기보다는 많은 생각을 하게 도와주는 편이 훨씬 좋습니다.

강아지가 냄새를 맡을 수 있는 환경을 만들어주자.

어떤 것이라도 좋습니다. 심지어 다른 반려견이 싼 소변도 괜찮고 자신이 구토한 것도 괜찮습니다.

위험한 것이 아니라면 무엇이든지 입에 넣고 맛볼 수 있게 해주자.

혹시 위험한 것을 입에 넣더라도 혼내지 않는 것이 중요합니다. 위험한 물건을 강아지가 입에 넣을 수 있는 위치에 둔 것은 보호자의 잘못이지 강아지의 잘못이 아닙니다. 나뭇가지, 흙, 지렁이, 벌레, 나뭇잎 등 자연에서 만나는 모든 것을 경험하도록 하는 것이 중요합니다. 만약, 담배꽁초나 부패한 음식을 입에 넣었으면 빨리 조치해서 토해낼 수 있도록 유도하고 그런 곳에는 가지 않도록 해야 합니다. 담배꽁초와 부패한 음식을 입에 넣지 못하게 교육하는 것은 어리석은 일입니다. 강아지는 그냥 뭐든 먹으면 안 된다고 느끼게 될 것이기 때문입니다. 그냥 안전

한 곳에 가서 깨끗한 것을 마음껏 냄새 맡고 입에 넣을 수 있게 해주는
게 좋습니다.

중성화 수술은 피할 것.

중성화 수술을 계획하고 있더라도 퍼피 라이선스 기간에는 하지 말아
야 합니다.

리드줄은 3m 정도로 길게 하고 산책을 시작한다.

그들의 아름다운 성장 과정을 존중한다.

강아지에게 무조건 보호자의 삶에 맞추라고 강요하지 말아야 합니다.
우리가 해야 할 일은 그들이 잘 자라는 것을 지켜봐주는 것입니다.

사회화 시기가
평생을 좌우한다

다양한 경험을 한 강아지일수록
더 건강하고 바른 강아지로 자랍니다.

강아지를 입양했다면 다양한 사회화 과정을 거치게 하는 것이 중요합니다. 어떤 방법이나 매뉴얼이 있는 것은 아닙니다. 더 다양하게 경험하고 혼자 생각할 수 있는 시간을 주어야 합니다. 강아지는 사회화 시기에 세상을 바라보는 눈을 기릅니다. 특히 생후 3주 된 강아지는 다양한 냄새를 경험해야 합니다. 강아지들은 우리와 달리 시각뿐 아니라 후각으로도 많은 것을 인지하고 또 인식할 수 있으니까요. 그래서 보호자 가족들의 냄새부터 여러 가지 음식의 냄새, 동물 용품, 그리고 한 번도 경험해보지 못한 바깥세상의 냄새 등 우리 주변의 냄새들을 강아지에게 천천히 하나씩 알려 주어야 합니다.

낯선 사람의 냄새와 움직이는 동작을 보는 것도 좋은 경험입니다. 단, 그 사람이 호들갑을 떨며 강아지에게 다가와서 예쁘다고 마구 만지지만 않는다면 강아지에게 좋은 경험이 될 수 있을 것입니다. 무조건 만지는 게 강아지를 위한 것이 아님을 꼭 염두에 두었으면 좋겠습니다. 강아지를 입양한 많은 분이 제게 물어옵니다.

"강아지의 사회화 시기에 산책이 중요하다고 하는데 그럼 언제부터 해야 하나요?"

그러면 저는 다시 되묻습니다.

"어떤 산책이요?"

이제 2개월 된 강아지 목에 줄을 매고 무작정 신호등 건너에 있는 공원에 가는 것을 산책이라고 생각한다면 저는 무조건 말릴 것입니다. 하지만 가볍게 집 앞에 나가는 거라면 얼마든지 권하고 싶습니다. 이런 산책은 강아지를 처음 데리고 온 날부터 해도 괜찮습니다. 강아지의 컨디션이 괜찮다면 집 주변의 환경을 얼마든지 소개해주세요. 사회화 시기에는 집 안에서도 얼마든지 좋은 교육을 할 수 있습니다. 집 안에서도 다양한 소리를 만날 수 있습니다. 예를 들어 청소기, 전기면도기, 압력밥솥, 휴대전화의 다양한 벨소리, 전자레인지 소리 등 안정감이 드는 집안에서는 조금 시끄러운 소리라도 얼마든지 괜찮습니다. 사회화란 강아지가 세상을 알아가고 보호자를 알아가는 것입니다. 다양한 경험을 한 강아지일수록 더 건강하고 바른 강아지로 자랄 것입니다.

사회성을 위해서
꼭 다른 반려견을
만나야 할까?

소개팅을 나가더라도
상대와 친해지는 시간이
필요한 법입니다.

반려견의 사회성을 키워주려고 다른 강아지를 만나게 하는 게 정답일까요? 꼭 그렇지는 않습니다. 단순히 다른 강아지를 만나고 그들과 한곳에 같이 있다고 해서 사회성이 좋아지는 것은 아니기 때문입니다.

반려견의 사회성은 우리가 느끼는 것보다 훨씬 방대하고 복잡합니다. 모든 것을 설명할 수는 없지만 그들의 사회성에 우리 인간이 개입했음을 결코 부정할 수 없습니다. 인간과 개가 함께 살던 지구는 산업혁명 이후 급속도로 발전했고 이를 계기로 인간은 개와 함께 살아온 수백만 년의 역사를 약 100년 남짓한 기간에 모조리 바꾸어버렸습니다. 개는 사냥할 때 우리의 파트너였고, 인간과 함께 짐을 나르고, 다른 동물로부터 가축과 우리를 보호해주는 소중한 친구였습니다. 그런데 근대화 과정에서 반려견들은 '애완' 용도로 사육되는 경우가 많아졌습니다. 충분한 사전 논의 없이 단지 인간만을 위해 개량되는 일이 많아지고 생활 형태 또한 외부보다는 집 내부로 한정되다보니 사회성을 기를 만한 환경이 점차 없어지게 된 것이지요. 이와 관련해서는 더 많은 연구와 논의가 필요합니다.

어쨌든 현대를 사는 우리는 반려견의 사회성을 길러주려고 반려견 카페를 간다거나 사설 반려견 운동장을 찾아가서 그곳에 풀어놓고 서로 뛰어다니게 합니다. 강아지들끼리 헐떡이며 뛰어다니고 흥분해서 장난을 쳐야지만 강아지의 사회성이 길러진다고 생각하지요. 정말 그럴까요? 제가 처음 반려견 카페에 갔을 때의 일입니다. 오래전 일이지만, 반려견들이 긴장하고 흥분한 모습이 아직도 기억납니다. 카페에 있던 강아지 예닐곱 마리가 들어오는 사람 모두에게 반응하기 시작합니다. '왜 저들이 우리 무리 안에 들어오지? 왜 이렇게 소란스럽지?'하고 말입니다. 그 카페에 있는 강아지들은 자신이 왜 이곳에 와 있는지 전혀 알 수 없습니다. 단지 긴장하고 두려울 뿐입니다. 입구로 들어오는 강아지들도 예외는 아닙니다. 안에 있던 강아지들과 사람 모두 하나의 무리가 되어 일제히 새로 들어오는 강아지의 몸을 구석구석 살피기 시작합니다. 뜻하지 않게 주목을 받은 강아지는 잔뜩 긴장해서 어찌해야 할지 몰라 부들부들 떱니다. 강아지의 보호자들은 신이 났습니다. 그들의 머릿속은 다양한 종류의 반려견을 만날 수 있다는 기대와 귀여운 강아지들을 만지고 싶다는 생각으로 가득합니다. 이런 생각 때문인지 카페 안의 보호자들은 들어오는 강아지들을 아무렇게나 쓰다듬기 시작합니다. 물론 카페 안의 몇몇 강아지들은 뛰어다니기도 합니다. 헐떡대며 뛰고, 또 뜁니다. 다른 아이들의 엉덩이 냄새도 맡고 먹이도 먹으며 흥분해서 뛰어다닙니다. 그중엔 정말로 기분이 좋은 친구들도 있기는 하겠지요.

예전에 한 반려견 카페 주인이 제게 상담을 요청한 적이 있습니다. 카페에 데리고 있는 반려견들이 손님의 강아지들을 괴롭히고 간혹 손님들을 향해 짖는다는 것이었습니다. 언젠가 다른 손님의 강아지를 공격한 적도 있는데 그때 다른 강아지들까지 합세하는 바람에 손님의 강아지가 심하게 다쳤다고 했습니다. 무엇이 문제였을까요?

방문해 살펴본 카페는 참 널찍하고 예쁘게 꾸며져 있었지만 그곳에 있던 반려견들은 모두 불안해 보였습니다. 제가 문을 열고 들어갔을 때 이곳저곳에서 반려견들의 콧김 소리가 들리기도 했습니다. 몇몇 강아지는 갑작스러운 스트레스 때문인지 숨을 크게 들이마시고 내뱉는 행동을 했는데, 그때마다 '흠흠' 콧소리가 나기도 했습니다. 아파트에 사는 반려견 중에도 층간 소음이나 앞집 소리를 듣고 짖기 전에 하는 예비 동작으로 이런 소리를 내기도 합니다. 일제히 일어나 제게 달려오던 반려견 중에는 한없이 약하고 피곤해 보이는 녀석도 있었습니다. 그리고 한쪽 뒤에는 잔뜩 긴장해 가까이 오지 못하고 콧김만 내뿜고 있는 아이도 있었습니다. 그곳의 강아지들은 모두 상당히 피곤해 보였으며 몇몇 녀석은 생식기와 주둥이의 털 색깔이 붉게 물들어 있었습니다.

"아…."

카페에 들어서고 1분도 안 돼서 저도 모르게 한숨이 나
왔습니다. 그곳의 아이들은 휴식이 필요했고 편하고 안정적
으로 쉴 수 있는 공간이 필요했습니다(제발 켄넬에 넣어두는 것
만을 휴식이라고 생각하지 말기 바랍니다). 반려견 카페의 많은
반려견은 매일 자신의 공간에 낯선 사람들과 낯선 반려견들
이 들어오는 것을 경험합니다. 이런 환경은 자신의 공간을 존
중받고 싶어 하는 개의 본능에 손상을 입힐 수 있습니다. 비
단 반려견 카페에서 만난 그 강아지들뿐만이 아닙니다. 일반
가정에서 키우는 강아지들도 마찬가지입니다. 충분한 거리를
유지하고 싶어 하는 본능이 있기 때문에 카페와 같이 여러 강
아지가 빠른 시간에 한데 모이는 곳은 오히려 강아지들을 흥
분시킬 수 있습니다. 이런 스트레스는 강아지들이 다른 강아
지들과 건강하게 대화하는 방법을 찾을 수 없게 합니다.

소개팅을 나가더라도 상대와 친해지는 시간이 필요한 법
입니다. 아무리 좋은 일이라도 인위적이고 강제적인 것은 부
작용을 낳는 법입니다. 강아지들도 언제나 편안하고 싶고 안
정적이고 싶어 합니다. 내 반려견이 다른 반려견을 두려워한
다면 당장 급하게 다른 강아지를 만나도록 해서는 안 됩니다.
시간을 가지고 천천히 다른 강아지들과 소통할 수 있는 환경

을 만들어주는 것이 좋습니다. 산책 모임 등을 통해서 자연스럽게 다른 강아지와 친해질 수 있도록 해주는 것도 좋은 대안이 될 수 있습니다. 처음에는 너무 많은 인원이 참여하는 모임보다는 한두 사람이 모여서 그들의 강아지들과 산책을 시작하는 게 좋습니다. 사회성이 부족한 강아지라도 정기적으로 다른 강아지를 만나고, 상대가 남긴 분비물의 냄새를 맡고, 그 강아지의 정보를 얻고, 멀리서 상대의 몸짓을 보며 다음 동작을 예상할 수 있게 되기 때문에 다른 강아지를 만나는데 점점 편안함을 느끼게 됩니다.

자신의 반려견이 다른 반려견과 어울리기 힘들어한다면 우선 다정하고 친절한 성향의 강아지를 만나서 같이 걸어보는 것은 어떨까요? 무작정 반려견 카페에 데리고 가지 말고, 반려견 운동장에서 뛰어다니게 하지 말고, 다른 강아지와 함께 한 방향을 보고 천천히 같이 걷는 것부터 시작해 보세요. 사회성이 부족했던 강아지도 어느새 다른 강아지의 엉덩이 냄새를 맡고 있을 것입니다.

임신과 출산,
충분한 준비가
필요합니다

왜 임신을 시키셨나요?
어미견이 스스로
준비가 됐다고 하던가요?

다른 강아지들을 무서워하는 강아지가 있습니다. 여러 강아지와 어울리기는커녕 무서워 도망가기 바쁩니다. 간혹 길에서 다른 강아지들을 만날 때마다 가까이 오지 말라고 짖고 으르렁댑니다. 그런데 그 아이가 보호자의 욕심에 따라 교미를 하고 새끼를 갖게 됩니다. 배가 서서히 불러오고 유방이 발달하게 됩니다. 익숙하지 않기에 불편한 기분이 들고 자꾸 음부를 핥습니다. 배가 불러오며 몸이 예전 같지 않게 반응하니다. 보호자는 태어날 강아지를 생각하면 한없이 설렙니다. 새끼 강아지들이 꼬물거리는 상상을 하며 처음 강아지를 입양했을 때를 떠올리기도 합니다.

보호자는 새끼 강아지를 볼 생각에 벌써부터 들떠 있습니다. 소꿉놀이를 할 준비가 다 된 것이지요. 그렇다면 임신을 한 반려견은 어떨까요? 그 반려견은 한 번도 다른 개와 제대로 된 대화를 해보지 못했습니다. 그들의 행동을 이해해보지도 못했습니다. 그런데 배 속에서 무언가가 움직입니다. 몸에 이질감을 느끼고 스트레스를 받습니다. 어떻게 해야 할지 몰라 당황합니다. 이렇게 비사회적인 반려견의 교미는 절대 원활하게 이루어질 수 없습니다. 교미를 하는 과정 또한 사회적인 행동의 하나인데, 비사회적인 반려견은 교미를 위해서 하는 예비 동작들을 하지 못하고 수컷을 받아들이지 못합니다 (이때 많은 번식업자들은 암컷 반려견의 주둥이와 목을 묶고 움직이지 못하게 한 후 강제로 수컷을 올라타게 합니다. 두 반려견 모두에게 이보다 더한 비극은 없습니다. 성폭행과도 같은 과정입니다. 펫 팩토리에서 이뤄지는 교미는 대부분 이런 과정으로 이루어집니다. 그리고 이렇게 태어난 강아지를 우리가 입양하는 것입니다). 물론, 이렇게 비사회적인 반려견도 강아지가 태어나면 자기 새끼들을 잘 돌보는 경우도 종종 있습니다. 모성애라는 것이 이렇게 대단하지요. 그러나 많은 비사회적인 성향의 반려견들은 임신과 출산 과정에서 몹시 불안한 상태를 보입니다. 새끼에게 젖을 물리기보다 꽁꽁 싸매고 있는다거나 새끼를 배 안쪽으로 데리고 들어오지 못하기도 합니다. 심지어 새끼를 물어 죽이는 일도 있지요. 젖먹이 시절을 잘 보낸다고 하더라도 문제가 없는 것은 아닙니다. 새끼가 생후 한 달이 지나고 어느 정도 자라면 자기 새끼를 피해버리는 어미견들도 있습니다. 강아지의 훈육이 가장 활발해야 하는 시기에 어미가 양육을 포기해버리는 것이지요.

이런 패턴은 사회성이 부족한 반려견들이 출산했을 때 가장 많이 보이는 행동이기도 합니다. 어느 정도 자란 새끼를 다른 강아지로 취급해버리는 것이지요. 어미견은 자신이 강아지들에게 무엇을 가르쳐야 하고 어떤 역할을 해줘야 하는지 알지 못합니다. 이제 새끼는 그냥 다른 개일 뿐입니다. 예전에 다른 개들을 무서워했던 것처럼 제 새끼도 무서운 존재로 여기는 것입니다. 상담을 하다보면 어미견과 새끼 강아지들의 이상행동으로 고민하는 분들이 있습니다. 그러면 저는 이런 질문을 던집니다.

"새끼들이 태어나기 전에 어미견은 어땠나요?"

의뢰인 대부분은 자신의 반려견이 소극적이거나 다른 강아지를 그렇게 좋아하지는 않았다고 합니다.

"그럼 왜 임신을 시키셨나요?"

이 녀석도 암컷으로 태어났으니 그 기능을 다하게 해주고 싶었다고 합니다. 그리고 보호자 스스로 강아지를 원했다고 합니다. 그러면 저는 또 질문합니다.

"어미견이 스스로 준비가 됐다고 하던가요?"
"…."

혹 자신의 반려견을 임신시킬 계획이 있다면 지금 반려견이 충분히 준비가 되었는지 한 번쯤 고민해 주셨으면 좋겠습니다. 평소에 다른 강아지를 대할 때 어떤 모습이었는지, 생리 주기나 건강 상태는 어떤지 말입니다. 자신의 후세를 갖는 것은 어느 동물에게나 숭고하고 소중한 일입니다. 많은 반려견이 보호자의 욕심으로 임신을 하게 되고 감당하기 힘든

경험을 합니다. 새끼를 갖고 싶은 건 당신이지 반려견은 아닐
수도 있음을 꼭 알아주시기 바랍니다.

길거리에서 출산하는 유기견이 꽤 있습니다. 그 개들을
구조할 때 잘 살펴보면 이유 없이 사람을 몹시 두려워하는 것
을 알 수 있습니다. 이유가 뭘까요? 직접 경험하지는 않았지
만 유기견으로 살고 있는 어미견의 모습에서 사람에 대한 막
연한 두려움을 경험한 것입니다. 두려움은 한 번 경험하면 참
으로 극복하기 어렵습니다.

노즈워크는
최고의 놀이랍니다

강아지에게 냄새를 맡는다는 것은
책을 읽는 것이고, 명상을 하는 것이며
스스로를 회복하는 과정입니다.

마음껏 냄새를 맡게 하는 것만큼 강아지들을 기분 좋게 하는 것은 없습니다. 그만큼 코를 사용하는 건 단순히 냄새를 맡는 것 그 이상의 의미가 있습니다. 우리는 코로 맛있는 음식 냄새와 향긋한 꽃향기를 맡습니다. 사람에게 코의 역할은 눈과 귀의 그것보다 상대적으로 조금 못 미치는 것 같습니다. 하지만 개들에게 코는 절대적입니다. 우리가 눈으로 하는 모든 일을 한다고 생각해도 좋습니다. 그래서 그들이 냄새 맡는 과정을 노즈워크 Nose Work 라고 합니다.

강아지에게 냄새를 맡는다는 것은 책을 읽는 것이고, 명상을 하는 것이며, 스스로를 회복하는 과정입니다. 코를 사용하는 것만으로도 그들은 행복감을 느낄 수 있습니다. 여러 냄새를 맡게 해주는 것은 매우 중요한 일입니다. 예를 들어 마트에서 여러 가지 물건을 사들고 집에 들어왔을 때를 생각해보면, 강아지한테는 새로운 냄새가 집에 들어온 것이므로 이 물건의 정체가 몹시 궁금할 것입니다. 이럴 경우 집 안으로 들어오는 모든 물건의 냄새를 하나씩 알려주고 맡게 해주면 강아지는 편안해합니다. 강아지가 받는 스트레스 중 많은 부분이 냄새 때문이니까요. 만약 이런 냄새를 맡는 과정 없이 매번 그 냄새의 정체를 숨긴다면 강아지는 집 안이 달라졌다고 느껴서 쉽게 스트레스를 받을 수도 있습니다.

냄새는 강아지들의 사회활동에도 많은 영향을 줍니다. 많은 사람이 사회성을 키워준다고 강아지들끼리 직접 만나게 합니다. 반려견 운동장이나 카페에 가서 풀어놓고 마음껏 뛰어놀게 하는 것을 좋은 사회화 과정이라고 생각합니다. 하지만 처음 만나는 강아지들의 경우엔 직접적으로 만나는 것보다 멀리서 상대의 냄새를 충분히 맡고 성별이 어떻게 되는지, 나이는 어느 정도인지, 중성화는 했는지, 아픈 곳은 있는지 등 다양한 정보를 알게 한 뒤 만나게 하면 훨씬 안정적으로 인사를 할 수 있습니다. 냄새를 맡는 것 자체가 사회화의 한 과정이니까요.

또 먹이를 그냥 주기보다 간식이나 음식을 숨기고 찾아 먹게 하는 놀이가 훨씬 더 좋은 방법이고, 공을 단순하게 던지고 가져오게 하는 것보다는 숨겨놓은 공을 찾아오게 하는 것이 훨씬 좋은 놀이이며 반려견을 더욱 안정적으로 만들어줄 수 있는 방법입니다. 특히 먹이를 먹는 것 때문에 많이 혼난 경험이 있거나 코를 쓰는 것 자체가 아직 익숙하지 않은 강아지들에게 효과적입니다. 강아지가 노즈워크를 시작하면 집안 곳곳에 물그릇을 두는 게 좋습니다. 우리가 일work을 하면 목이 마르듯이 강아지들도 노즈워크를 하고 나면 물을 더 마시니까요.

노즈워크를 일상화하면 강아지들에게 변화가 생깁니다. 자연스럽게 평온한 상태가 되면서 꼬리가 부드럽게 내려갑니다. 꼬리가 내려갈 때에는 불안감을 느낄 때와 집중할 때인데 이때 꼬리의 모양이 조금 다릅니다. 불안감을 느낄 때는 꼬리 끝이 사타구니 안쪽으로 말려들어가고, 무언가에 집중하고 있을 때는 꼬리 끝이 내려가긴 하지만 밖으로 말려있거나 차분하게 바닥을 향하고 있습니다. 간혹 흥분 상태가 잘 가라앉지 않았을 때 꼬리가 내려가지 않기도 하는데, 감정은 억지로 만들 수 있는 것이 아니기에 시간을 가지고 평온함을 느낄 수 있게 도와주는 게 좋습니다.

또 강아지들은 강한 스트레스 상태임을 표현할 때에도 냄새 맡는 행동을 많이 합니다. 예전에 산책만 나가면 한 시간이든 두 시간이든 냄새만 맡고 있던 래브라도 리트리버가 있었습니다. 의뢰인은 그 강아지가 자신이 대장인 줄 안다며 줄을 당기고 나무랐지만 사실 그 녀석은 짧은 줄이 너무 힘들어서 그런 행동을 한 것입니다. 3m 줄로 바꾸고, 천천히 움직이고, 마음껏 냄새를 맡으면서 산책을 한 지 1시간 30분쯤 지났을까, 웃는 얼굴로 보호자에게 달려와 얼굴을 파묻는 모습을 봤을 때 얼마나 감동적이었는지 모릅니다.

다시 한 번 부탁드립니다. 강아지가 코를 많이 사용할 수 있게 도와주세요. 이제 2개월 된 강아지에서부터 열 살이 넘

은 반려견까지 노즈워크는 모든 반려견에게 무리 없이 할 수 있는 최고의 놀이이며 회복 프로그램입니다. 우리 사람도 화가 날 때에는 때로 화를 내는 것이 좋다고 합니다. 강아지도 마찬가지입니다. 얼마든지 흥분할 수 있습니다. 중요한 것은 이 흥분을 잘 가라앉혀야 한다는 것입니다. 그러니 냄새를 잘 맡을 수 있게 해주세요. 반려견은 우리가 느끼지 못하는 수많은 자극 때문에 항상 피로감을 느끼고 살아갑니다. 특히 도시에서 살아가는 반려견들은 더 심하지요. 오토바이, 층간 소음, 택배 물건, 정면으로 다가오는 사람 등 노즈워크는 이런 스트레스를 조금이나마 완화해줄 수 있는 좋은 방법이랍니다. 그러니 제발 반려견이 마음껏 냄새를 맡게 해주세요.

노즈워크, 이렇게 하세요!

강아지가 좋아하는 간식을 준비한다.

육류라면 더욱 좋습니다.

처음에는 눈에 잘 보이는 곳에 간식을 숨긴다.

강아지에게 직접 찾으라고 말한다.

이때 강아지 뒤를 천천히 따라다니면서 응원해주면 더 잘 찾을 수 있습니다.

최대한 간섭하지 않는다.

강아지가 코를 사용하고 있을 때 보호자가 간식을 찾아주려고 하는 것은 강아지를 불편하게 할 수 있으니 최대한 간섭하지 않도록 주의합니다.

보호자의 얼굴을 강아지 쪽으로 대지 않는다.

노즈워크에 집중해 있는 강아지 쪽으로 갑자기 얼굴을 갖다 대면 강아지가 놀라 깨물 수도 있습니다. 위험한 행동이니 삼가야 합니다.

사람과 반려견 모두
행복하게 식사하는 법

여럿이 모여
같이 먹고 같이 잠을 자는 것,
반려견들에게는
이것이 자연스러운 모습입니다.

밥을 먹고 있는 강아지는 보면 볼수록 참 귀엽습니다. 남자 보
호자일지라도 모성애 비슷한 것이 느껴진다고도 합니다. 강아
지가 예쁘다 보니 옆에서 자꾸만 건드리고 싶어집니다.

"우리 집 풍산개는 먹고 있을 때 만지면 주인도 물려고 합니
다. 버릇이 없는 건지, 저를 주인으로 생각하지 않는 것인지.
어떻게 하면 될까요?"

어떤 의뢰인이 전화로 이렇게 묻기에 제가 대답했습니다.

"그러면 건드리지 마세요."

당연한 일입니다. 우리가 생각하는 것 이상으로 강아지들은 먹이에 민감합니다. 반려견들이 먹이를 먹을 때 그들은 충분히 긴장할 수 있고 평소보다 더 예민하게 반응할 수 있습니다. 먹이를 먹을 때 건드려야 할 만큼 중요한 일이 있는지는 잘 모르겠지만, 중요한 건 강아지들이 먹이를 편안하게 먹을 수 있도록 돕는 것입니다. 옛말 틀린 것 하나 없습니다. 먹을 때는 건드리면 안 됩니다. 강아지에게 유교사상을 주입해서 주인 노릇을 할 필요는 없습니다. 우리는 보호자입니다. 주인의식은 공동시설물을 사용할 때에나 필요한 것입니다. 그들에게 먹는 것은 즐거움이 아니라 생존임을 잊지 마시기 바라며 이것을 가지고 교육이라는 이름으로 반려견을 학대하지 않았으면 합니다.

반대의 경우도 있습니다. 우리가 식사를 하고 있을 때 옆에서 강아지가 달려들며 함께 먹겠다고 보채면 난감합니다. 함께 먹으면 좋겠지만 그러지 못할 경우도 있기 때문이지요.

예를 들어 가족 중에 강아지를 좋아하지 않는 분이 있을 수도 있고 시간에 쫓겨 빨리 먹어야 할 때도 있습니다. 어쨌거나 밥을 먹을 때 강아지가 달려든다는 것이 그렇게 나쁜 이상행동은 아닙니다. 보호자와의 신뢰가 남아 있을 때 종종 이런 행동을 하기 때문이지요.

이런 행동은 여러 가지로 풀이할 수 있습니다. 강아지가 심각하게 배를 곯고 있거나 당신이 밥을 먹고 있을 때 무언가를 얻었던 좋은 기억을 가지고 있을 가능성이 있습니다. 또 식사 중에 가족끼리 언성이 높아지는 싸움이 일어난 적이 있을 때에도 이런 행동을 합니다. 당신의 생각은 어떤가요?

반려견은 나의 거울이기도 합니다. 반려견의 모든 행동은 당신과 가족 그리고 당신이 제공해준 환경에서 만들어진다는 이야기입니다. 아마도 여러분이 생각하는 좋은 모습은 가족이 식사를 할 때 가만히 식탁 밑에서 기다리거나 편안하게 다른 일을 하는 모습일 것입니다. 하지만 반려견한테 이런 행동은 익숙하지 않은 것이랍니다. 개라는 동물은 여럿이 모여 같이 먹고 같이 잠을 자게 태어났습니다. 이것이 자연스러운 그들의 모습입니다.

우리가 식사 중에 달려드는 강아지에게 가르쳐야 할 것은 "안 돼!"가 아니라 이 식사가 끝나면 너도 음식을 같이 먹을 수 있다는 것입니다. 밥을 다 먹은 후엔 기다려준 강아지에게 보상을 해주십시오. 반복해서 보상을 해주면 강아지도 기다리면 먹이가 온다는 것을 깨닫고 당신이 밥을 다 먹을 때까지 즐거운 마음으로 기다릴 것입니다.

대소변을 못 가린다면
마음부터 살펴보세요

강아지가 배변 실수를 한다면
마음이 온전하지 않고
불안하기 때문입니다.

상담을 하다보면 배변교육 때문에 고민하는 분이 많습니다. 하루 동안 걸려오는 상담 전화의 절반가량이 강아지의 배변과 관련한 것들이니 꽤 많은 편이지요. 우리나라에서 반려견을 키우는 대부분의 가정에는 마당이 없고 또 공원과 같은 실외의 제반 시설이 충분하지 않기 때문에 반려견을 데리고 산책을 하면서 대소변을 가리게 하는 문화가 정착되어 있지 않습니다. 그래서 집 안에서 실수 없이 대소변을 가릴 수 있도록 유도하고 싶은 마음이 간절할 것입니다(서양에서는 실외로 나가서 화장실 문제를 해결하는 경우가 많습니다).

그래서 보호자는 예쁜 배변 패드를 사고 보호자 자신이 편한 곳에다 강아지 전용 화장실을 만듭니다. 그리고 강아지가 그곳에서 배변하기를 기다립니다. 그런데 그게 마음처럼 쉽지 않습니다. 보통의 경우 강아지는 이곳저곳에서 배변을 하고 보호자는 따라다니면서 치우기 바쁩니다. 힘이 넘치는 강아지는 뛰어다니면서 장난도 치고 대소변도 아무 곳에서나 보는데 이러다 보니 따라다니는 보호자도 정신없고 지쳐서 사람들이 하라는 대로 울타리 안에 가두어 놓고 교육을 시키려고 합니다.

문제는 여기서부터입니다. 사람들이 말하는 대로 하면 강아지가 대소변을 잘 가릴 것 같았는데 그게 뜻대로 안 됩니다. 울타리 안에 갇힌 강아지는 나오고 싶다고 짖기도 하고 배변 패드를 물어뜯기도 합니다. 그러면 보호자는 고민에 빠집니다.

'혼을 내볼까? 다시 꺼내줄까? 아니야! 그럼 나를 무시하게

될 거야. 그럼 어떻게 하지?'

강아지가 이런 행동을 하는 데는 다 이유가 있습니다. 강아지의 마음을 모르기 때문에 강아지를 기르는 사람의 시름이 깊어지는 것이지요. 강아지가 그런 행동을 하는 것은 바로 강아지 마음이 온전하지 않고 불안하기 때문입니다. 실제 배변교육을 할 때 보면 이런 강아지들은 대부분 스트레스 수준이 높게 나타납니다. 한마디로 교육을 받을 수 있는 상태가 아니었던 거지요. 사람도 급격한 스트레스를 받으면 실수를 하는데 하물며 말 못하는 강아지는 어떻겠습니까? 강아지는 자신의 높은 스트레스와 불안을 대소변으로 표현하고 싶어 합니다. 올바른 배변교육을 위해서는 반드시 강아지들의 신호를 잘 알아채야 합니다.

한 가족의 이야기입니다. 그 가족의 강아지는 대소변을 너무나 잘 가리는 푸들이었습니다. 그런데 상담 3개월 전부터 대소변을 한두 번씩 다른 곳에서 보더니 이제는 제대로 하는 날이 드물었습니다. 보호자는 혼도 내보고 칭찬도 했지만 별 효과가 없었다고 합니다. 처음에 간단한 상담을 할 때는 저도 이유를 잘 알 수 없었습니다. 특별한 문제가 없어 보였지요.

그러다가 몇 차례 상담이 진행되면서 의뢰인은 자신의 가족에 대한 이야기를 들려주었습니다. 가족 구성원이 강아지를 어떻게 대했는지, 아주 사소한 일까지 모두 이야기해주었습니다. 그제야 퍼즐이 풀리는 기분이 들었습니다. 그래서 의뢰인에게 조언을 해드렸습니다.

"많이 놀아주세요. 함께 산책을 많이 하시고, 텔레비전을 보거나 책상에서 일을 하실 때 강아지가 원하면 강아지를 무릎 위에 올려주세요."

그 뒤 저는 몇 번 더 방문해서 강아지가 어떤 상태인지 살폈습니다. 시간이 지날수록 강아지는 예전처럼 대소변을 잘 가리게 됐습니다. 이유는 가족 안에 있었습니다. 4개월 전 그 푸들을 정말 좋아하던 아들이 군대에 갔다고 하더군요. 평소 아들은 강아지와 놀아도 주고, 산책도 같이 하고, 컴퓨터를 할 때면 항상 같이 있었다고 했습니다. 강아지는 그런 그가 몹시도 그리웠나 봅니다. 자신을 사랑해주던 친구가 갑자기 사라져버렸으니 얼마나 허전했을까요? 다행히 고등학교를 다니던 여동생이 오빠의 빈자리를 채워주자 다시 평소처럼 대소변을 잘 가리게 된 것이지요. 물론, 화장실을 다시 인식시키고 배변을 하도록 유도하는 과정과 교육 또한 주효했습니다.

반려견이 대소변을 보는 행위는 감정 표현과 관련이 있습니다. 지금 여러분의 반려견이 대소변을 잘 못 가린다면 그 강아지의 마음 상태가 어떤지 먼저 살피는 것이 중요합니다. 실제적인 교육은 그다음입니다. 우리가 마음이 편해야 공부도 일도 잘되듯이 말입니다.

생후 3~15주 된
반려견의 배변교육

🐾
강아지에게
생후 3주에서 15주까지는
강아지의 일생을 결정하는
중대한 시기입니다.

생후 3~15주는 반려견에게 배변교육을 하기 가장 좋은 시기입니다. 이 시기에는 배변교육뿐만 아니라 강아지가 우리와 함께 살아가면서 알고 있어야 하는 모든 것을 한결 쉽고 빠르게 습득할 수 있습니다. '사회화 시기'라고도 하는 이때는 반려견의 일생을 좌우하는 아주 중요한 시기이기도 합니다. 생후 3~15주 된 강아지의 배변교육에 대해서 두 가지로 나눠 설명하겠습니다.

첫째, 청결한 집과 화장실이 분리되어 있는 안락한 환경 속에서 어미견의 보살핌을 받으며 형제들과 원활한 유대관계를 맺고 자란 강아지의 경우.

둘째, 철창이 둘러쳐진 좁은 공간에서 배설물과 사료 찌꺼기가 뒤엉킨 채 살다가 애견 경매장 등을 통해 대형 마트나 애견숍, 동물병원 등으로 옮겨 다녔던 강아지의 경우.

먼저 첫 번째, 좋은 환경에서 자란 강아지의 경우부터 설명하겠습니다. 강아지가 살기 좋은 환경이란 햇빛을 볼 수 있고 통풍이 잘 되는 등 반려견의 본능을 최대한 존중한 견사 시설을 갖춘 곳을 말합니다. 무엇보다 건강한 부모견 사이에서 태어나 어미로부터 잠자리와 화장실 구분하는 법을 배우고 형제들과 어울려 지내며 때론 그들과 화장실도 같이 가면서 유아기를 보낼 수 있는 환경이어야 합니다. 어미견이 새끼 강아지들을 훈육하는 걸 직접 관찰해본 사람이라면 이 때가 어린 강아지들이 얼마나 위대한 경험을 하는 시기인지 금세 알 수 있을 것입니다. 배변교육에서 가장 중요한, 집과 화장실을 구분하는 법도 이 시기에 어미견에게 배우며 한 번 배우면 절대 잊어먹지 않게 됩니다. 학습된 행동이라기보다 몸속에 있는 시스템을 어미견이 잘 돌아갈 수 있게 도와주는 거지요. 이런 시기를 잘 거친 강아지라면 지나친 배변교육은 필요 없습니다. 배변 패드의 위치 정도만 잘 인식시켜줘도 안정적인 배변을 할 수 있습니다.

앞서 말한 것처럼 생후 3주에서 15주까지는 강아지의 일생을 결정하는 중대한 시기입니다. 좋은 것과 나쁜 것, 편안함과 불편함, 사람, 사물, 환경, 변화 등 모든 것과 소통하는 시기입니다. 우리나라의 많은 수의사는 강아지에게 예방접종을 할 때 5차 접종이 끝나기 전까지는 절대 집 밖으로 데리고 나가지 말라고 합니다. 우리나라에는 여러 가지 바이러스가 있기 때문에 문제가 생길 수 있다는 것이 이유입니다. 하지만 이 시기는 반려견의 일생에 매우 중요한 시기입니다. 그냥 단순히 중요한 것이 아닙니다. 신경질적으로 짖고, 쉽게 예민해지고, 다른 강아지들과 어울리지 못하는 여러 이상행동의 원인이 이 시기에 적절하지 못한 사회화 교육 때문이라는 사실이 과학적으로 증명됐습니다. 선진 반려견 문화를 가진 유럽, 미국, 일본 등에서는 반려견의 사회화 교육을 철저히 해서 이상행동을 예방하고 반려인과 반려견의 삶을 한결 행복하게 만들고 있습니다. 물론 이 시기에 예방접종은 굉장히 중요합니다. 하지만 한 해 바이러스로 질병에 걸리는 반려견의 숫자와 사회성 부족과 이상행동으로 유기견이 되고 안락사를 당하는 반려견의 숫자를 비교해보면 사회성 부족이 얼마나 큰 문제인지를 알 수 있습니다. 배변교육에 성공하고 싶다면 매일 반려견과 산책하시기 바랍니다.

두 번째는, 불행한 환경에서 자란 강아지들, 즉 펫 팩토리에서 태어나 비위생적인 환경에서 어미와 형제들의 돌봄을 받지 못하고 자란 강아지의 경우입니다. 이런 강아지는 가정으로 입양된 후에도 정서적으로 불안해하며 집과 화장실을 구분하는 청결 본능이 사라져 배변교육에 어려움을 겪는 경우가 많습니다. 이런 환경에서 태어나고 자란 강아지들은 대소변을 집과 먼 곳에서 해결해야 한다는 개념이 부족합니다. 그리고 심리적인 문제가 없더라도 대소변을 아무렇지 않게 몸에 묻힌다거나 밟고 다니는 경우가 있습니다. 그중에서도 제일 안타까운 모습은 배설충동을 느낀 뒤 배변활동을 안 하는 강아지들입니다. 화장실을 찾아다닐 때 바닥의 냄새를 맡으며 돌아다니거나 빙글빙글 도는 등 배변하려는 행동을 안 하는 강아지들은 가정으로 입양되어도 배변교육을 하는 데 많은 어려움을 겪게 됩니다. 이런 강아지라면 한 장소에서 배변을 잘하는 것이 먼저가 아닙니다. 올바른 배변활동을 할 수 있도록 냄새를 맡고 배설충동과 연결시키는 경험을 먼저 할 수 있도록 알려줘야 합니다.

생후 약 16주 미만의 강아지에게 배변교육을 한다면 완벽함을 기대하는 것은 바람직하지 않습니다. 이유는 강아지의 근육 중에 가장 마지막에 발달하는 것이 대장 근육과 괄약근이기 때문입니다. 어린 강아지는 스스로 대소변을 조절하고 참는 것에 어려움을 느낍니다. 이때에는 화장실의 위치를 잘 알고 있어도 자주 실수할 수 있으므로 혹 강아지가 실수하더라도 당연한 행동으로 받아들이는 것이 중요합니다. 그리고 천천히 가르쳐야 합니다.

생후 4개월에서 1년 사이의
반려견 배변교육

생후 4개월에서 1년은 배변교육을 시도했다가 실패하는 일이 잦은 시기입니다. 이 시기는 강아지에서 성견으로 자라는 때라서 배변교육이 잘됐던 강아지들도 실수를 많이 합니다. 이유는 호르몬 때문입니다. 이 시기의 강아지는 성견이 될 준비를 하게 됩니다. 몰라볼 정도로 빠르게 성장하며 평소 하지 않았던 행동도 시도해보는 시기입니다. 또 이갈이를 하기도 합니다. 특히 소형견은 극도로 예민해질 수 있는 시기이기도 해서 초기 이상행동이 많이 나타나는 때입니다.

많은 강아지가 이 시기에 중성화 수술을 받습니다. 이때 반드시 주의해야 할 것이 있습니다. 만약, 강아지가 사회화 시기에 적절한 사회적 노출이 부족해 모든 것에 예민한 성향을 보이거나 헛짖음이 심하고 스트레스 반응으로 이빨을 보이는 행동을 한다면 중성화 수술을 미루어야 합니다. 전신마취를 하고 수술 후 붕대를 며칠 동안 두르고 있어야 하는 경험은 강아지에게 한계를 넘는 공포와 두려움을 줍니다. 그렇기 때문에 먼저 전문가에게 자문한 후 수술 시기를 결정하시기 바랍니다.

오랜 시간 이상행동을 하는 강아지 중에는 수술 후 씻을 수 없는 두려움과 공포의 트라우마로 힘들어하는 경우가 꽤 많습니다. 보통 이 시기에 극도로 예민해진 강아지들은 사소한 이유로 배변 실수를 할 수 있습니다. 간혹 보호자가 당황해 혼을 내거나 소리를 지르기도 하는데 이런 행동은 자칫 큰 역효과를 불러올 수 있기 때문에 혼을 내거나 지적하는 행동을 절대 해서는 안 됩니다.

실제로 어떤 의뢰인의 반려견은 새끼 때부터 열심히 훈련해 배변 패드에 대소변을 잘 가렸습니다. 그런데 중성화 수술 후 다시 배변교육이 원점으로 돌아갔고 그 후로 6개월가량 다시 배변교육을 해야 했습니다. 수술 전에는 보호자와 놀이를 하듯이 배변 패드에 가서 배변을 잘하던 녀석이었습니다. 이 강아지가 다시 건강한 배변활동을 하기까지 상당히 많은 시간이 걸렸습니다. 자존감을 높여주고 배변을 하는 행위에 대한 불안감을 완화하기 위해서 산책할 때 마킹을 하는 법을 배우고 다른 강아지 친구를 만나는 등 다양한 활동을 해야만 했습니다. 평균적으로 많은 강아지가 이 시기에 잘못된 배변교육으로 배변습관뿐만 아니라 사람의 행동을 부정적으로 받아들이게 되는 경험을 하게 됩니다. 또 배변을 통한 감정표현을 억압받을 때나 보호자와의 신뢰관계에서 기인하는 정신적인 스트레스가 다른 이상행동으로 전이되는 경우도 많이 있습니다. 생후 4개월경 강아지는 하루에 약 15~50회까지 소변을 봅니다. 대변은 4~8회까지 봅니다. 이때 보호자가 지적과 혼내기 같은 부정적인 방법으로 교육한다면 강아지는 위와 같은 횟수만큼 벌을 받게 됩니다. 이 시기의 강아지는 스스로 배변을 조절할 수 없습니다. 배변충동과 배변활동 사이의 간격이 굉장히 짧아 오랫동안 참거나 멀리 있는 배변 패드까지

갈 수 없습니다. 이 시기에 배변 문제로 하루에도 몇 번씩 혼이 나고 처벌을 받는다면 강아지는 어떤 기분이 들까요? 어떤 감정이 생길까요? 아마도 배변을 하는 행위 자체에 불안감을 느끼게 될 것입니다.

어린 강아지가 배변 실수를 하는 것은 당연한 일입니다. 생후 4개월이 지나면 소변과 대변 횟수가 현격히 줄어들고 자연스럽게 배변 패드를 찾아가려는 시도가 늘어나면서 성공률이 높아집니다. 울타리를 사용한 훈련 방법은 쓰지 않는 것이 좋습니다. 현재 인터넷에서나 유명 훈련사들이 이 방법을 추천하고 있지만 부작용이 크고 성공률 또한 낮습니다. 울타리를 사용하는 훈련법 보다는 강아지가 스스로 화장실을 찾아가도록 교육하는 방법이 더 바람직합니다.

생후 1년에서 7년 사이의
반려견 배변교육

이 시기엔
배변을 자신의 감정을 표현하는 용도로
많이 활용합니다.

이 시기의 반려견들은 육체적으로 완성된 상태입니다. 대소변을 조절하는 대장 근육과 괄약근이 발달해 흥분과 긴장감을 느끼는 상황에서도 배변충동을 잘 참을 수 있으며, 장시간 자동차를 타고 다닐 때나 집에서 혼자 있을 때에도 대소변을 잘 참고 조절할 수 있습니다. 특별한 환경의 변화나 보호자가 바뀌지 않는 이상 배변 실수를 거의 하지 않습니다. 예민한 반려견이라면 환경과 상황에 따라서 소변 실수를 자주 할 수 있습니다. 하지만 이 문제는 대소변을 못 가리는 것과는 무관하며 스트레스와 호르몬 때문에 발생하는 경우가 많습니다. 특히 이 시기는 배변을 배설충동으로만 활용하지 않으며 자신의 감정을 표현하는 용도로도 많이 활용합니다. 어떤 의뢰인의 반려견은 꼭 혼자 집에 있을 때 소변 실수를 하곤 했는데 이런 경우는 배변이 아니라 분리불안이 문제라고 볼 수 있습니다. 이 시기가 되면 대부분의 반려견들은 안정된 배변습관을 갖게 됩니다. 만약 이 시기까지 불안정한 배변습관을 보이는 반려견이 있다면 적절하지 못하거나 강압적인 교육 방법 그리고 안 좋은 식습관이 원인일 수 있습니다. 배변교육에 문제가 있다면 강아지의 식습관과 교육 방법을 다시 한 번 검토해보시기 바랍니다.

저는 생후 1년 이상의 반려견을 교육하면서 단 한 번도 배변교육으로 문제를 해결한 적이 없습니다. 이 말은, 반려견들의 잘못된 배변습관은 배변과는 상관이 없는 다른 문제들 때문에 생긴다는 뜻입니다. 반려견은 배변으로 아주 많은 것을 이야기합니다. 1세 이상의 반려견 중에 배변을 잘하지 못하는 강아지들을 만나보면, 하나같이 "도와주세요. 우리 보호자한테 이야기 좀 해주세요!" 하는 눈빛이었습니다. 그들은 주기

적으로 산책을 할 만한 기회도 없었으며 원하지 않는 많은 반
려견 친구들이 한집에 있었습니다. 어떤 보호자들은 너무 거
칠었으며 반려견을 혼자 두는 시간도 많았습니다. 이런 상황
에서 문제를 해결하려면 과연 어떤 것부터 시작해야 할까요?

"으르렁거리지 마, 입 다물어! 그냥 똥오줌이나 잘 가려!"

이렇게 교육해야 할까요?

7세 이상 된
반려견의 배변교육

그들은 처음부터 그렇게 태어났습니다.
사람들이 그 본능을
존중해 주었으면 좋겠습니다.

반려견이 7세가 넘으면 노화가 시작됩니다. 육체적인 노화는 대소변을 관장하는 근육까지 약하게 만들 수 있으며 예상치도 못한 실수를 하게 합니다. 요즘 대부분의 반려견, 특히 소형 견들에게는 노화가 늦게 나타나는 추세지만 주의 깊게 관리해야 하는 시기라는 것은 분명합니다.

이 시기가 되면 방광염이나 결석 등이 생기는 반려견이

눈에 띄게 증가합니다. 노화로 인한 이런 증상들이 배변습관에 영향을 미치기도 하는데 이 경우에도 절대 혼내거나 소리를 지르지 말아야 합니다. 하지만 대부분의 반려견들에게는 배변활동에 큰 변화가 찾아오지 않으며 전체적인 컨디션 관리만 잘해준다면 무지개다리를 건너 하늘나라로 가기 전까지 배변 문제로 속 썩이는 경우는 적습니다. 한 의뢰인의 경우 '샤크'라는 열여섯 살 된 골든 리트리버와 함께 지내고 있었는데 마지막까지 화장실에서 아주 건강한 대변을 본 뒤 저세상으로 떠났다고 합니다.

보통 이 나이 때 교육을 하려는 의뢰인들을 보면 반려견이 실내에서 배변을 하지 않고 실외로만 나가려고 한다는 말을 많이 합니다. 오랜 시간 동안 배변하는 행동에 대해서 많이 혼이 났을 때 이런 경향을 보입니다. 그리고 청결 본능이 강한 견종들은 보호자가 가르쳐주지 않아도 이런 본능 때문에 바깥에 나가려고 하는 경우가 많습니다. 특히 주둥이가 뾰족한 스피츠spitz그룹에 속하는 견종에서 그런 성향이 두드러집니다. 우리나라 토종 믹스견부터 진돗개, 사모예드 등 자신이 속한 공간을 아끼고 지키려는 마음이 강한 견종일수록 이런 행동을 많이 보입니다. 이런 경우에 저는 더 자주 밖으로 데리고 나가라고 충고합니다. 자신과 가족의 보금자리에서 배변을 하고 싶어 하지 않는 것은 스피츠 계통 견종의 오랜 습성입니다. 그들은 처음부터 그렇게 태어났습니다. 그런 견종을 선택한 사람들은 꼭 그 본능을 존중해줬으면 좋겠습니다. 교육을 통해 억지로 실내에서 배변을 하도록 유도할 수는 있겠지만 그러면 강아지는 불행할 것입니다. 저는 당신이 자신의 반려견을 얼마나 사랑하는지 알고 있습니다. 그러기에 더 자주 데리고 나가라고 말하고 싶습니다. 실내에서 대소변을 하지 않아서 불쌍하고 안타깝다고요? 그럼 여러분이 더 데리고 나가면 됩니다. 시간은 있습니다. 고민을 하고 아이디어를 내고 실천하면 됩니다. 정말 시간이 없다면, 생각하고 또 생각해봐도 시간이 없다면, 당신의 반려견이 당신에게 이렇게 말할 수도 있습니다.

"시간을 가지고 살아보는 게 어때요?"

배변교육의 다양한 사례들

배변교육을 하다보면 자주 받는 질문이 있습니다. 반려견을 키우는 분들이라면 한 번쯤 겪어봤을 일이라 소개합니다.

> "우리 집에서는 강아지들이 배변할 수 있도록 패드를 두는데 이 녀석이 패드에 소변을 한 번 보면 더 이상 그 패드를 사용하지 않습니다. 그러고는 패드 옆이나 베란다에서 배변을 하는데 이런 건 어떻게 고치나요?"

산책은 얼마나 하시나요? 집에 배변 패드는 몇 장이나 있나요?
반려견들 중에는 이렇게 깔끔한 녀석들이 있답니다. 이런 타입의 반려견들은 사실 실외 배변을 하고 싶다는 뜻을 강하게 표현하는 것입니다. 하루에 3~5번씩 밖에서 배변만이라도 하게 해주면 실내에서는 자연스럽게 배변을 하지 않을 것입니다. 이런 행동을 고치려고 하지 마세요. 패드를 자주 갈아주든지 아니면 여러 장을 두는 것도 한 방법입니다. 강아지 화장실이 집에 한 곳만 있어서는 안 됩니다. 여러 곳일 때 강아지들은 더욱 안정적으로 배변을 하게 됩니다. 무엇보다 자주 밖으로 데리고 나가주세요. 훨씬 도움이 될 것입니다.

"저희 강아지는 만지면 오줌을 그렇게 싸는데 어떻게 해야
하나요?"

반려견의 소변에는 많은 의미가 있답니다. 소변을 자주 보는 강아지는
"내게 화내지 말아주세요"라는 뜻을 전하는 것입니다. 그러면 어떻게
하면 좋을까요?

가장 좋은 방법은 그냥 가만히 두는 것입니다. 우리는 강아지가 예쁘다
고 만지고 말을 듣지 않는다고 화를 냅니다. 강아지가 보호자에게 화내
지 말아달라고 소변을 선물(?)하면 사람은 더 화를 냅니다. 그냥 가만히
있어보세요. 많은 강아지가 장기간 떨어져 있다 만났을 때 이런 행동을
하는데 퇴근 후 집에 들어왔을 때 현관에서 이런 행동을 자주 한다면
그냥 현관에서 가만히 서 있으면 됩니다. 말도 하지 말고, 만지지도 말
고, 가만히 서 있으세요. 시간이 지나면 강아지는 안정될 것이고 일어
나서 거실 쪽으로 갈 것입니다. 그때 들어오세요. 이게 끝입니다. 그리
고 이런 행동을 하는 강아지라면 소극적이고 자존감이 낮은 강아지일
가능성이 높습니다. 평소 가족들의 행동이 위협적이거나 혼란스럽지는

않은지 곰곰이 생각해보고, 또 성격이 사나운 강아지를 만난 적은 없는
지 잘 떠올려보세요.

"사람이 있을 때 배변을 하지 않아요. 강아지가 사람이 없을
때에만 배변을 합니다. 잠깐, 부엌에 다녀오면 오줌을 싼다든
지, 저녁에 잠잘 때만 합니다. 배변교육이 안 돼서 힘들어요!"

이런 경우는 강아지에게 배변교육을 할 때마다 혼을 냈을 때 자주 나타
납니다. 혼을 냈다는 건 때리는 것만을 의미하지 않습니다. 자녀를 학
대한 부모들은 한결같이 이렇게 말합니다. "이게 무슨 폭력이고 학대냐
고, 훈육을 하다보면 그럴 수 있는 것 아니냐고." 그런데 우리는 상대
의 싸늘한 눈빛에도 마음을 다칩니다. 강아지들도 마찬가지입니다. 이
렇게 사람들이 있을 때 배변을 하지 않는 반려견이라면 그 강아지에게
시급한 건 배변교육이 아닙니다. 먼저 관계를 회복하는 것이 중요합니
다. 밖에 나가서 마음껏 냄새 맡고 마음껏 마킹할 수 있게 해주세요. 그
리고 그럴 때마다 말로만 칭찬할 것이 아니라 강아지가 좋아하는 간식
을 하나씩 주세요.

반려견과 함께 자도
괜찮을까?

반려견을
인간의 틀에 맞춰 억지로 내몰면
예기치 않은 문제가 생깁니다.

"우리 집 몰티즈 '요미'는 제가 자려고만 하면 자꾸 침대에 올라오려고 해요. 같이 자는 게 좋은 걸까요?"

강아지를 기른 지 얼마 안 된 분들이 자주 하는 질문입니다. 결론부터 이야기하자면 괜찮습니다. 개는 대표적으로 무리를 지어 잠을 자는 동물입니다. 영어로 'Social Sleeper'라고 합니다. 그들은 언제나 함께 모여서 잠을 자야 합니다. 우리나라 사람들 중에 반려견과 함께 자는 것을 꺼리는 사람들이 있습니다. 그럴 수 있습니다. 그렇지만 어린 강아지일 때에는 같이 잠을 자는 게 좋습니다.

"한번 침대에 올려줬더니, 자꾸 올려달라고 해요."

걱정하지 마세요. 얼마든지 그럴 수 있습니다. 갑자기 강아지가 버릇이 없어진 게 아닙니다. 단지 편안하게 자는 방법을 찾은 것뿐입니다. 저는 두 반려견과 함께 네 식구가 침대에서 같이 잠을 잡니다. 강아지가 침대에 올라오고 싶어 한다면 올려주세요. 아무 문제도 생기지 않습니다. 작은 강아지라면 좀 더 쉽게 오르락내리락할 수 있게 강아지 계단을 만들어주면 됩니다. 아직 대소변을 못 가리는 어린 강아지라면 보호자와 함께 바닥에서 자는 것도 한 방법입니다. 아무 문제없습니다. 저 역시 두 마리의 반려견과 함께 잠이 듭니다. 한 녀석은 침대 바깥쪽에서 벌러덩 누워 잠을 자고 한 녀석은 침대 밑으로 내려가 쿠션에서 잡니다.

침대에 억지로 못 올라오게 하고 혼자 잠들게 하면 다른 곳에서 문제가 생길 수 있습니다. 혼자 잠을 자야 하는 강아지

들은 심리적인 압박을 적지 않게 받습니다. 이런 스트레스로
인해 대소변을 못 가리는 경우도 생깁니다. 외로움이 더 깊어
지고 자신이 보호받지 못한다는 느낌이 강해지면 이상행동이
나타나기도 합니다. 문제는 강아지의 이런 표면적인 행동만
을 보고 이상행동이라 단정한 뒤 그 행동을 하지 못하도록 훈
련(?)한다는 것에 있습니다. 반려견을 인간의 틀에 맞춰 억지
로 내몰면 예기치 않은 문제가 생깁니다. 강아지가 당신과 같
이 있고 싶어 한다면, 같이 있어주세요. 그게 정답입니다.

산책은 반려견의 삶
그 자체입니다

걸으며 냄새를 맡고
소변을 남기는 것은
그들의 삶 그 자체입니다.

반려견을 교육할 때 '각측보행'이라는 게 있습니다. 반려견이 보호자의 왼쪽 다리에 붙어 보호자의 얼굴을 보면서 걷는 것을 말합니다. 복종훈련 대회에 나가는 참가견들은 모두 이런 방법으로 훈련을 받으며, 이렇게 걷는 것이 말을 잘 듣는 반려견의 전형으로 표현되기도 합니다. 많은 분이 산책할 때 반려견이 꼭 자신보다 앞서 나가지 못하게 하려고 노력합니다. 동호회나 현재 나와 있는 복종훈련 매뉴얼 책을 보면, 반려견이 보호자와 걸을 때 보호자보다 앞서 걷게 되면 본능적으로 보호자를 무시하게 된다고 설명합니다. 또, 서열은 중요한 것이고 반려견이 앞서 걷는 행동은 서열을 무너뜨릴 수 있기 때문에 목줄이나 강한 몸짓으로 앞서 걷는 반려견을 통제해야 한다고 말합니다. 많은 훈련사들 역시 산책을 하면서 반려견이 냄새를 맡거나 아무 곳에서나 소변을 보려고 하는 행동이 서열을 무시하는 태도라고 설명합니다. 물론, 반려견이 줄을 힘차게 당기며 보호자를 끌고 다니는 산책은 올바르지 않습니다. 하지만 산책을 할 때 반려견이 보호자보다 앞서서 걷는 것은 매우 자연스러운 행동입니다. 그들은 우리 앞에서도 걸을 수 있고, 옆에서도 걸을 수 있고, 뒤에서도 걸을 수 있습니다. 어딘가의 냄새에 심취해서 오래도록 맡고 싶어 한다면 기꺼이 냄새를 맡도록 기다려주어야 하고 쉬고 싶어 하면 함께 쉬어야 합니다.

걸으며 냄새를 맡고 소변을 남기는 것은 반려견들의 삶 그 자체입니다. 우리가 새로운 것을 보면 감탄하듯이 그들은 냄새를 통해 정보를 얻으며 그것에 적응합니다. 하지만 복종 훈련과 산책훈련은 반려견이 보호자 다리 옆에서만 걷도록 가르칩니다. 앞에 신기한 냄새가 나는 풀을 보고 다가가려는 반려견에게 보호자는 목에 걸린 줄을 잡아당기며 잘못된 행동이라고 혼을 냅니다. 우리는 그들을 로보캅으로 만들려는 것이 아닙니다. 단지 편안하게 함께 걷고 싶은 것뿐입니다. 줄을 길게 하고 천천히 걸어주세요. 산책을 하는 것은 반려견의 마음과 몸을 모두 건강하게 하는 방법입니다. 산책은 반려견과 보호자가 서로 교감하는 시간입니다. 마치 연인들이 사랑을 나누는 것과 같습니다.

편안하게 산책하는 법

1. 줄을 3m로 바꾼다.

2. 줄을 잡고 가만히 서 있는다.

3. 줄이 느슨하다면 천천히 이동한다. 이때 목적지는 따로 정하지 않는다.

4. 반려견이 곁으로 오거나 가까워진다면 가지고 있던 간식을 슬쩍 준다. 이때 만지지는 않는다.

5. 반려견이 다시 줄을 당기면, 그냥 제자리에 선다.

이런 활동은 훈련이 아닙니다. 같이 걷는 연습을 하는 것입니다. 줄은 반려견을 제압하고 억압하는 도구가 아니라 그들에게 우리가 친구라는 것을 말해주는 증표와도 같습니다. 이 증표로 강아지를 학대하거나 증표 없이 하는 위험한 산책은 삼가야 합니다. 반려견에게 줄을 풀어주는 게 즐거운 것이라고 가르치지 말고 줄을 매고도 편안하게 산책할 수 있다는 것을 가르쳐준다면 우리는 금세 친구가 돼 있을 것입니다.

산책,
언제부터 해야 할까?

☙

같이 걷고, 쉬고, 야외에서 먹이도 먹고,
무엇을 해도 좋습니다.
당신과 함께라면 말이지요.

"골든 리트리버 강아지를 키우고 있습니다. 이제 입양한 지
일주일 됐는데 언제부터 산책을 해야 할지 모르겠습니다."

산책이 필수라는 말은 들어봤는데 언제부터 해야 할지 몰라
서 질문하는 분이 많습니다. 산책은 입양한 직후부터 바로 시
작해도 괜찮습니다. 하지만 사람이 많거나 다른 반려견이 많
은 곳은 피해주세요. 만약 아파트에 산다면 사람들이 없는 한

가한 시간에 단지 내에 있는 화단이나 공터로 가는 게 좋습니다. 주택가에 산다면 사람의 왕래가 없는 조용한 골목도 좋습니다. 주의해야 할 것은 위협적인 모든 것입니다. 시끄럽게 달려오는 어린아이들, 어디에서 튀어나올지 모르는 오토바이, 자동차의 경적, 부패한 음식, 당신이 알지 못하는 다른 반려견…. 산책은 꼭 야외의 어딘가를 걸어야 하는 게 아니랍니다. 집 앞도 괜찮습니다. 생후 10주 정도 된 강아지에게 위험하지 않다고 판단되는 곳이면 어디든 좋습니다. 같이 걷고, 쉬고, 야외에서 먹이도 먹고, 무엇을 해도 좋습니다. 당신과 함께라면 말이지요.

다음은 어린 강아지와 산책할 때 조심해야 하는 것들입니다.

미취학 아동

사람은 귀여운 강아지를 보면 만지고 싶어 합니다. 특히 미취학 아동일수록 예쁜 강아지를 보면 귀여워서 어쩔 줄 모르지요. 하지만 이런 아동들의 불안정한 움직임과 행동은 반려견을 놀라게 할 수 있습니다. 특히, 어린아이를 안고 있는 부모 중에는 뽀뽀를 해보라고 강요하듯 아기의 얼굴을 반려견

가까이에 대는 경우가 있는데 매우 위험한 행동입니다. 산책을 하다가 미취학 아동을 데리고 있는 사람을 만날 경우 미리 이야기를 해두는 것이 좋습니다.

"강아지가 아직 어리니 눈으로만 예뻐해 주세요."

지나치게 높은 목소리를 내며 직선으로 다가오는 사람

"우와, 푸들이다!" 이런 행동은 반려견을 공포스럽게 할 수 있습니다. 사실 이 말은 강아지를 키우는 사람보다 강아지에게 관심이 있는 모든 분께 하고 싶은 말입니다. 강아지가 건강한 반려견으로 자라기를 바란다면 천천히 다가가거나 스쳐 지나가주시기 바랍니다.

경적

경적을 내며 움직이는 모든 것은 강아지에게 좋지 않습니다. 특히 새끼 강아지들은 아직 사물을 제대로 인식하지 못하기 때문에 움직이는 물체에 대해 부정적인 인식이 생길 수도 있고 심한 경우 트라우마가 될 수도 있습니다. 새끼 강아지와 산책할 때에는 꼭 조용한 곳을 찾아야 합니다.

부패한 음식

여름철 사람이 많이 모이는 곳에는 남은 음식물이 많기 마련입니다. 한강에서는 반려견의 분변을 치우지 않은 보호자에게 과태료를 부과한다고 하는데, 마찬가지로 닭 뼈나 족발, 피자 등 먹다 남긴 것을 방치하거나 그대로 버리는 사람에게도 강력한 처벌이 따르면 좋겠습니다. 이렇게 아무데나 버려진 음식물들은 반려견이 자율적으로 냄새 맡는 일을 위험하게 만들기도 합니다. 그렇다고 강아지들이 공공장소에서 냄새를 맡지 못하도록 하거나 거리에 있는 음식을 주워 먹지 못하도록 하는 교육은 매우 부적절합니다. 산책하는 동안 반려견들이 냄새를 맡아야 한다는 것, 그러다 보면 거리에 있는 음식을 먹을 수도 있다는 것을 그냥 받아들이면 좋겠습니다. 중요한 것은 어디를 반려견과 같이 걸을지 선택하고 그곳이 안전한 곳인가를 판단하는 것이지, 반려견의 자연스러운 행동을 막는 것이 아닙니다.

짧은 줄

몇 번이나 강조하지만 짧은 줄은 반려견의 사고와 감정을 억누르며 행동을 단순하게 만듭니다. 긴 줄을 쓰면서도 다른 사람에게 피해를 주지 않고 산책할 수 있습니다.

흥분한 반려견 혹은 불안정한 반려견

우리나라의 반려견은 겨울이면 동면(?)을 합니다. 그 많던 반려견이 겨울에는 잘 나오지 않습니다. 춥다고 보호자들이 반려견을 집에만 둔다는 이야기이지요. 4월이 넘어가면서부터 그동안 다들 어디에 있었는지도 모를 많은 반려견이 공원으로 산으로 우르르 몰려나옵니다. 반려견들은 사회성이 강한 동물입니다. 동면이란 게 있을 수 없습니다. 강제로 집에만 가둬두면 스트레스가 쌓일 수밖에 없습니다. 그러다 갑자기 봄이 되어 아무런 준비도 없이 밖으로 나오면 강아지들은 흥분합니다. 다른 반려견을 보고 짖거나 달려들기도 하고, 심지어 현관 밖에서는 한 걸음도 걷지 않으려고 하거나 보호자에게 점프하며 도와달라는 행동도 많이 보입니다. 이런 강아지들은 마치 127시간을 갇혀 있다 나온 어느 영화의 주인공이 숨을 쉬고 물을 벌컥 마시는 것처럼 주변의 냄새를 맡습니다. 강아지들이 이런 행동을 하는 것은 보호자 탓이 큽니다. 겨울에 춥더라도 꼭 잠깐씩 산책을 시켜주시기 바랍니다. 그리고 봄철엔 흥분한 강아지들이 많이 모인 곳은 되도록 피하는 것이 좋습니다.

산책할 때
긴 줄을 사용해야
하는 이유

3~5m는
그들의 행동과 심리를 배려하는
최소한의 예의입니다.

저는 가슴줄과 평범한 긴 줄을 사용해 반려견과 산책하는 것을 좋아합니다. 줄은 3~5m 길이의 긴 것을 선호합니다. 줄의 길이를 조절할 수 있는 플레서블 타입Flexible Type의 줄이어도 일부러 줄을 길게 늘여 고정한 후 두 손을 사용해 항상 여유 있게 줄을 조절합니다. 가슴줄은 반려견의 자연스러운 행동을 방해하지 않기 위해서 선택했는데 양발 사이에 끼우고 어깨 위에서 고리를 채우는 일반적인 가슴줄이 아닌, 어깨에서 등 쪽으로 한 칸 내려와 매는 가슴줄을 선호합니다. 일반적으로 우리가 쉽게 구할 수 있는 가슴줄은 모두 어깨 쪽으로 올라오게 매는 제품입니다. 허리 쪽을 만지거나 앞다리를 만지는 것에 불편함을 느끼는 반려견들에게는 목줄을 사용하기도 하는데 안정적으로 활동하는 것에는 그리 큰 문제가 없다고 생각합니다. 하지만 쉽게 흥분하는 반려견이나 줄을 당기면서 걷는 반려견이라면 목줄보다는 가슴줄이 나중을 위해서 더욱 좋다는 점을 잊지 마시기 바랍니다.

줄이 길면 걱정하는 분이 많습니다. 네, 맞습니다. 사람이 많은 곳에서는 당연히 줄을 짧게 잡아야 하지요. 당연히 우리가 지켜야 하는 예절입니다. 그러나 아무리 도시에 사는 사람들이라도 항상 사람들 사이를 다니지는 않습니다. 공원에 가는 길이나 골목길을 걸어갈 때, 주위에 사람이 없다면 얼마든지 줄을 충분히 길게 늘어뜨릴 수 있습니다. 우리 주변에 잔디밭이나 흙보다는 아스팔트로 된 길이 많다 보니 긴 줄을 사용하면 금방 해지고 낡는다는 것이 아쉬울 따름이지 교육을 할 때 긴 줄이 특별히 방해가 되지는 않습니다.

그러면 왜 3~5m의 줄을 사용해야 하는 걸까요? 꼭 사용해야 한다는 것은 아닙니다. 그러나 한 번쯤 고려해보는 게 좋습니다. 사람도 상대에 따라 적당한 거리가 다릅니다. 낯선 사람하고는 1m 정도의 거리를 유지하는 것이 편안하고, 친한 사이라면 45cm 정도까지도 안정적일 수 있습니다. 가족이나 연인끼리라면 손도 잡고 팔짱도 낄 수 있을 것입니다. 그런데 처음 만난 사람과 어깨를 부딪치면서 나란히 걷는다면 어떨까요? 불편하지 않을까요? 반려견들도 마찬가지입니다. 주변의 사물이나 다른 반려견과의 적당한 거리가 필요하지요. 반려견들한테는 얼마 정도가 좋은 관계를 유지하는 거리일까요? 정답은 모두 다르다는 것입니다. 그래서 우선 그들이 어떤 방식으로 대화하는지 자세히 살펴야 합니다.

"어이 거기, 껄렁하게 생긴 흰색 몰티즈! 너 처음 보는 것 같은데 이리 좀 와봐."

혹시 반려견들끼리 이렇게 말하는 것을 들어보신 적 있나요? 개과 동물들은 고도로 발달한 후각 신호를 사용해 자신의 감정과 상태를 표현하고 상대의 기분과 감정을 파악합니다. 그렇게 서로에 대해 알고 난 후 가까이 다가가서 몸짓으로 대화합니다. 이때에도 그들은 서로를 존중하기에 충분한 거리를 두고 싶어 합니다. 어쩌면 그들은 우리처럼 말로 의사 표현을 하지 않기 때문에 상대의 기분과 감정을 파악하기 위해서 더 많은 관심과 노력을 쏟는지 모릅니다.

3~5m의 줄은 반려견들의 행동과 심리를 배려하는 최소한의 예의입니다. 항상 도심 속을 걸어 다니면서 줄을 짧게 잡고 다녔다면 가끔씩은 줄을 충분히 여유 있게 잡고 걷는 것은 어떨까요?

언제 어디서든 줄을 길게 해서 다니라는 것이 아닙니다. 3m 줄은 써본 사람만이 알 수 있습니다. 반려견이 얼마나 편안해하는지 얼마나 즐겁게 산책하는지 말입니다.

줄을 당기고 전력질주를 하는 반려견이라면

"우리 집 강아지는 줄을 너무 당기는데 어떻게 같이 걷는 것
을 가르치죠?"

줄을 당기는 강아지들을 잘 살펴보면 보호자와 즐겁게 걸어본 경험이
많지 않다는 걸 알 수 있습니다. 산책을 할 때마다 지나치게 흥분했을
수도 있고요. 아니면 복종훈련을 한다고 어릴 적부터 줄을 짧게 잡고
보호자의 왼쪽 옆에 붙어서 걷는 것을 강요받았을 수도 있지요. 시간이
필요합니다. 문제는 줄을 당기는 것이 아니라 보호자와 즐겁게 걷지 못
하는 것입니다. 기술이 문제가 아니라 감정이 문제인 거지요. 자, 반려
견에게 줄을 당기는 것이 잘못됐다는 것을 가르쳐 주기보다는 나와 함
께 걷는 것을 좋아하도록 가르쳐보는 건 어떨까요?

"제 강아지는 대형견인데 가슴줄을 사용하면 저는 아마도
썰매가 될 것입니다. 가슴줄로 바꿀 자신이 없어요."

이해합니다. 지금까지 줄을 당기는 반려견 때문에 넘어지거나 불편했
던 경험이 많지요? 여러 도구를 사용하고 다양한 훈련 기법을 시도해

보셨겠지요. 그런데도 반려견이 계속 줄을 당기려고만 한다는 것이지요? 그렇다면 더욱 더 신사적으로 가르쳐야 합니다. 물론 교육을 할 때 사용하는 도구들도 신사적인 것들을 사용했으면 합니다. 아마도 질문하신 분이 아직 시도해보지 않은 것이 있다면 안정적인 가슴줄과 긴 줄 그리고 반려견이 함께 걷고 싶다고 느낄 때까지 기다려 주는 것이 아닐까 합니다. 그리고 반려견이 어떻게 걷고 싶어 하는지, 땅에서 나는 냄새를 얼마나 사랑하는지 이해하지 못했던 시간들일 것입니다. 사람들 사이에서도 마찬가지지만 관계는 자연스러운 것이 좋습니다. 최대한 서로가 편한 상태에서 인내심을 가지고 천천히 시도해보세요.

"너무 정신이 없어요. 줄이 길면 내 주위를 뱅뱅 돌아서 줄을 엉키게 만들고, 고양이라도 보면 전력질주를 하는데 그때마다 손이 너무 아파요. 방법이라는 방법은 다 써봤는데 안됩니다. 훈련소에서 하는 각측보행 교육을 받으면 좋아질까요?"

복종훈련 대회에 나가서 입상한 반려견들은 훈련사의 다리 옆에 얼굴을 붙이고는 절도 있게 걸어 다닙니다. 그 대회에서 입상한 반려견들이 평소에도 훈련사의 다리에 몸을 붙이고 걸어 다닐까요? 아닙니다. 북한의 남자들은 의무 복무기간이 10년, 특수병과의 경우 13년이라고 합니다. 뉴스에서 보면 그분들 절도 있게 걷는 제식훈련 참 멋지게 잘하지요? 그렇다고 그분들이 평생을 그런 식으로 걸어 다닐까요? 대회에 참가하는 반려견들은 그 짧은 시간을 위해서 맹훈련을 받지만 이런 행동을 실생활에서까지 하지는 않습니다. 반려견이 쉽게 흥분한다면, 그래서 같이 걷는 게 잘 안 된다면, 산책훈련을 해야 하는 것이 아니라 그 불안감과 흥분을 가라앉히는 것이 먼저입니다. 줄을 잡고 외출했을 때 반려견의 일차적인 행동을 관찰하는 것도 중요하지만 증상에 대한 원인을 찾는 것이 먼저입니다. 원인은 제각각입니다. 평소 반려견을 어떻게 대했는지 보호자와 어떻게 교감했는지 잘 살펴봐야 합니다. 특히 불안감과 과잉행동은 환경과 훈육 과정에 문제가 있을 때 생기며, 유전적 요인도 염두에 두어야 합니다.

아파트 단지에서
반려견과 산책하기

이 문제는
화를 내고 싸운다고
해결되지 않습니다.

반려견과 함께 산책하는 것을 매우 두려워하는 의뢰인이 있었습니다. 이유를 들어봤더니 같은 아파트 단지에 사는 한 아주머니가 의뢰인과 강아지가 함께 지나가는 것을 보기만 해도 소리를 지르고 욕을 한다는 것이었습니다. 또 어떤 할아버지는 지팡이를 들어 위협하는 시늉도 했다고 합니다. 그 후로 의뢰인은 산책을 나가는 게 무서워졌고, 혹시나 그 사람들을 만날까봐 어두워지고 나서야 겨우 단지 밖으로 나가서 산책을 한다고 했습니다. 솔직히 듣는 내내 저도 기분이 굉장히 나빴습니다. 통화를 하고 있는 저도 기분이 이런데 실제로 이런 일을 겪은 의뢰인은 얼마나 속상했을지 이해가 갔습니다. 사실이런 일은 아파트 단지에서 강아지를 키우는 분들이라면 한두 번쯤은 겪어봤을 것입니다. 물론 저와 여러분처럼 강아지를 사랑하는 사람이 있는가 하면 아닌 사람도 있을 테니 무작정 비난할 생각은 없습니다. 어찌 되었건 저는 그 의뢰인과 통화를 하고 나서 생각해봤습니다.

'대체 뭐가 문제일까?'

정답을 찾기는 어렵지만, 몇 가지 이유로 나눠볼 수 있습니다.

첫째로, 반려견의 공격성에 대한 막연한 두려움 때문이 아닌가 합니다. 공격성은 당하는 사람에게 두려움과 공포를 줍니다. 의외로 많은 사람이 반려견들이 언제든 사람을 공격할 수 있다고 잘못 알고 있습니다. 믿기지 않지만 사실입니다. 어린 시절 강아지에게 물렸거나 그런 경험이 없는 사람들 중에도 이렇게 알고 있는 분이 많습니다. 그들은 다른 생명체에 대한 막연한 거부감뿐만 아니라 공포심마저 가지고 있습니다.

둘째로, 반려견을 더러운 동물로 생각하는 사람도 꽤 많습니다. 어려서부터 그렇게 교육을 받았거나, 나이 지긋한 어르신들이 대부분 그런 생각을 갖고 있습니다. 그분들한테 개는 아무 데나 똥을 싸기 때문에 바깥에서만 키워야 하고, 그저 집 지키고 남은 밥을 처리하는 짐승일 뿐이지 사람과 함께 생활할 수 없는 존재입니다. 이런 의식이 자리하는 데는 강아지를 잘못 키우는 분들도 한몫했을 것입니다. 산책을 다니면서 대소변을 제대로 치우지 않고 방치하는 그런 분들 말입니다. 또 강아지를 처음 키우는 사람들 중에는 막연하게 강아지 몸속에 기생충이 있을 거라고 생각하는 분들도 있습니다. 제 의뢰인 중에도 그런 분이 있습니다. 자신이 원해서가 아니라 아이들이 너무 강아지를 키우고 싶어 해서 데리고 왔는데 솔직히 기생충이 겁난다는 것입니다. 다른 사람의 성향이나 생각까지 바꿀 수는 없겠지만 조금이라도 마찰을 줄이려면 이 두 문제를 어느 정도 해결해야 합니다.

처음 앞에서 소개한 의뢰인은 자신의 반려견을 전혀 통제하지 못하는 분이었습니다. 한눈에 보기에도 산책하는 동안 위태로울 정도로 끌려다녔지요. 그분의 반려견은 착한 녀석이었지만 사람들을 만나면 올라타는 행동을 했습니다. 어린아이를 데리고 있는 부모나 노인들한테는 위협적으로 느껴질 만한 행동이었습니다. 보호자가 강아지를 확실히 통제하지 못하면 주변 사람들은 불안해합니다. 이런 분들이라면 강아지와 올바르게 산책을 하는 법부터 다시 연습해야 합니다. 산책을 할 때 강아지가 달려들거나 보호자를 심하게 끌고 다니는 등의 행동을 한다면 어떤 문제가 있는지 찬찬히 돌아봐야 합니다. 한편 강아지가 짖거나 공격적인 행동을 하는 것은 사실 공격하려는 의도를 가졌다기보다 무서워서인 경우가 더 많습니다.

"오지 마, 오지 말란 말이야. 더 가까이 오면 물 거야."

이렇게 소리치고 있는 것이지요. 강아지의 행동을 제대로 이해하고 문제가 무엇인지 고민하다보면 공격성에 대한 답을 상당 부분 찾을 수 있습니다.

위생적인 부분도 마찬가지입니다. 보호자가 손에 배변 봉투만 들고 있어도 주변 사람들이 '저 강아지는 깨끗하게 관리 받고 있구나.'하고 생각합니다. 그러면 제 의뢰인처럼 항의를 받는 일도 줄어듭니다. 반려견과 어울려 지내 본 경험이

없는 사람들이 반려견을 두려워하고 무서워하는 것은 당연합니다. 이 문제는 화를 내고 싸운다고 해결되지 않습니다. 반려견을 키우는 반려인들은 공동생활의 규칙을 지키고 자신의 반려견을 당당히 가족의 일원이라 말할 수 있을 만큼 교육을 시켜야 합니다. 그러면 세상 사람들이 반려견과 함께 살아가는 것에 마음을 좀 더 활짝 열 것입니다.

산책에 대해 더 알아두어야 할 것들

"우리 집 강아지는 너무 냄새만 맡아요. 산책도 자주 나가는
데 이상하게 움직이는 것보다 냄새 맡기를 더 좋아해요."

더 많이 맡게 해주세요. 지금 그 반려견한테는 그게 필요한 것입니다.
물론 당신은 벌써 산책에 나오기 전부터 어디까지 갔다가 올지 생각해
두었을 것입니다. 시간은 30분밖에 없는데 산책은 시켜야겠고 강아지
는 움직이지 않으니 애가 탈 것입니다. 그래서 줄을 당기고 더 빨리 가
자고 재촉하겠지요? 그런데 산책을 왜 하려고 하시나요? 강아지를 위
한 것이 아닌가요? 그러면 강아지가 원하는 것을 해줘야 좋지 않을까
요? 지금 그 강아지한테 필요한 건 그냥 기다려주는 것입니다. 냄새를
맡는다는 건, 반려견에게 전부랍니다. 제가 군복무 중에 첫 휴가를 나
왔을 때 같이 나온 선임들과 순댓국에 술 한잔하고 제일 먼저 간 곳이
PC방이었습니다. 저는 게임하는 걸 좋아하지 않습니다. 단지 지금까지
군대에 있으면서 궁금하던 세상 이야기를 알고 싶었을 뿐입니다. 강아
지도 마찬가지입니다. 산책을 자주 하는 것도 좋지만 한 번을 하더라도
반려견에게 얼마나 도움이 되는지가 중요합니다.

"강아지가 생리할 때는 산책하면 안 되나요?"

암컷은 보통 1년에 2번 약 2주간 생리를 합니다. 이 시기에 극도로 긴장하는 반려견이 많습니다. 그래서 평소와 다른 여러 가지 행동을 많이 하기도 합니다. 하지만 이때에도 산책은 반려견에게 도움이 됩니다. 노즈워크는 심장박동수를 조절해주고 스트레스를 완화해줍니다. 평소 다니던 길을 따라 걸으면서 자신이 남긴 냄새와 다른 반려견들의 냄새를 맡으며 정보를 교류하는 과정 자체가 반려견을 편안하게 해줄 수 있습니다. 내 반려견이 지금 생리 중이라면 평소보다 짧은 거리를 더 천천히 산책하시기 바랍니다. 이 시기에는 되도록 다른 반려견을 만나지 않게 주의해야 합니다.

아이 있는 집에서
반려견 기르기

🐾

다른 생명이
무섭고 더러운 것이라고
가르쳐도 될까요?

요즘은 어디를 가나 반려견을 자주 볼 수 있습니다. 집 주변에서도 공원에서도 강아지를 만날 수 있죠. 심지어 어느 대형 마트에서는 물건을 사는 동안 강아지를 맡아주는 서비스까지 제공해준다니 이제 일상생활 곳곳에서 강아지를 만나는 게 어렵지 않은 세상입니다. 우리가 실생활에서 반려견을 만날 기회가 많아진 만큼 이제는 그들과 행복하게 살아가는 방법에 대해서 고민해야 할 때라고 생각합니다. 그런데 요즘 염려되는 부분이 있습니다. 몇몇 부모가 자녀에게 반려견을 무섭고, 질병을 일으키는 동물이라고 잘못 가르치고 있다는 것입니다.

저는 한 달에 한 번씩 공원에서 반려견과 같이 산책을 하는 모임을 하고 있습니다. 요즘같이 날씨가 좋을 때에는 아이들과 나들이 나온 가족을 많이 볼 수 있는데, 유쾌하지 않은 경험을 할 때가 있습니다.

"에이~ 지지! 가까이 가면 안 돼!"
"강아지가 멍! 하고 물어. 가까이 가면 안 돼!"

가만히 그 모습을 보면서 씁쓸한 느낌이 듭니다.

'어린아이에게 왜 저렇게 가르치는 걸까?'
'저 아이가 성인이 되어서 살아갈 10년, 20년 후에는 우리 주변에 반려견이 더 많아질 텐데, 지금 이렇게 어린아이에게 강아지가 무서운 동물이라고 가르친다면 저 아이는 나중에 어떤 생각을 하게 될까?'

모든 아이가 반려동물을 좋아하고 사랑하며 살아갈 수는 없습니다. 하지만 반려동물을 키우는 인구가 기하급수적으로 느는 지금, 반려견을 비롯해 반려동물을 굳이 위험한 동물이라고 가르치는 것이 그 아이들에게 긍정적인 영향을 줄까요? 다른 생명이 무섭고 더러운 것이라고만 가르쳐도 될까요? 분명 그 아이들에게 정서적으로 부정적인 영향을 끼칠 것입니다.

반대로 부모들의 뜻과 달리 강아지를 무척이나 무서워하는 아이들도 있습니다. 거의 기겁할 정도의 반응을 보이는 아이들도 있으며, 반려견이 다가오면 소스라치듯 비명을 지르는 아이들도 있습니다. 제 아내도 그랬다고 합니다. 아내는 어릴 적부터 멀리서 강아지만 보여도 두려워서 걷지도 못했다고 합니다. 바로 갈 수 있는 길도 멀리 돌아가야 했고 혹여나 줄이 풀려서 혼자 돌아다니는 반려견이 있을 땐 한 걸음도 움직일 수 없었다고 합니다. 물론 지금은 그렇지 않습니다. 언젠가 한 의뢰인으로부터 이런 부탁을 들은 적이 있습니다.

"안녕하세요. 강형욱 훈련사이신가요? 고민이 있어서 연락드립니다. 저와 아내는 강아지를 무척이나 키우고 싶은데 두 딸아이가 강아지를 무서워합니다. 엄마하고 아빠는 강아지를 이렇게 좋아하는데 우리 속으로 낳은 아이들은 왜 이렇게 강아지를 무서워하는 걸까요? 정말 강아지를 한 마리 입양하고

싶은데 우리 아이들이 강아지를 무서워하지 않고 좋아할 수
있도록 하는 방법이 있을까요?"

'무엇 때문에 아이들이 강아지를 무서워하기 시작했을까?'

꽤 오래 고민했지만 정확한 이유는 알 수 없었습니다. 강
아지의 모습, 털의 촉감, 예기치 않은 행동 등 여러 가지가 아
이에게 큰 충격을 주었을 수도 있겠지요. 아니면 부모도 모르
는 사이 무서운 강아지가 아이에게 마구 짖어댔을지도 모릅니
다. 또, 또래들 중 누군가가 강아지를 무서워하는 모습이 아이
들에게 영향을 끼쳤을지도 모릅니다. 이런 아이들에게 어떻게
하면 강아지와 친해질 수 있는 방법을 가르쳐줄 수 있을까요?

우선 기술적인 접근보다는 아이들의 생각을 먼저 들어봤
으면 좋겠습니다. 무엇이 문제인지 모르는데 해결책을 찾는
다는 것은 의미가 없기 때문입니다. 또 부모라고 해서 아이들
의 모든 감정을 마음대로 할 수는 없습니다. 아이가 강아지를
너무 싫어한다면 지금 당장은 그 마음을 이해해주는 것이 좋
다고 생각합니다. 그리고 나서 몇 가지 방법을 적용해볼 수 있
습니다.

이런 놀이를 해볼 수도 있습니다. 소풍 가서 보물찾기 놀이를 하듯이 자녀와 함께 가까운 공원에 가서 강아지 찾는 놀이를 하는 것입니다. 물론 아이들이 그 놀이에 재미있게 참여할 수 있는 동기가 있어야겠지요? 어린아이라면 아이스크림을 사준다거나 놀이공원에 가는 것 등이 충분한 보상이 될 수 있을 것입니다. 다음과 같이 말이죠.

1단계 : 오늘 공원에 가서 반려견 열 마리를 발견하면 아이스크림을 사주겠다고 합니다(꼭 아이스크림이 아니더라도 괜찮습니다).
"오늘 아빠랑 산책하면서 게임 하나 할까? 산책하면서 누가 먼저 강아지 열 마리 찾나 내기하는 거야. 만약 네가 먼저 열 마리를 찾으면 오늘 맛있는 아이스크림 사줄게."

2단계 : 공원 상황에 따라서 규칙을 달리하는 것도 방법입니다. 게임은 너무 쉬워도, 너무 어려워도 아이들은 쉽게 질리고 집중할 수 없기 때문입니다.
"오늘은 귀가 내려간 강아지를 찾아볼까?"
"오늘은 몰티즈를 찾아볼까?"
다른 예로, 웰시코기 열 마리나 털이 긴 강아지 열 마리 등도 있을 수 있겠죠. 아이들이 즐거워하고 놀이에 집중한다면 규칙을 더 복잡하게 해도 좋습니다.

3단계 : 강아지의 보호자에게 다가가 강아지의 이름을 알아오는 놀이를 해도 좋습니다. 아이들이 점점 재미있어 한다면 강아지의 보호자에게 다가가 강아지의 이름을 묻고 직접 불러보는 것도 좋습니다.

4단계 : 아이들이 강아지에 대해 점점 많이 알게 되었다면 견종을 알아맞히는 놀이를 해봐도 좋습니다. 아이가 견종을 잘 모른다면 부모님이 옆에서 도와주어도 괜찮습니다.
"어머~ 저기 강아지가 있네? 오른쪽은 아까 그 흰 강아지랑 비슷하게 생겼는데? 그 강아지 이름이 뭐였지?"

아이들은 어떤 것을 좋아해야 하고 어떤 것을 두려워해야 하는지 스스로 결정하지 못할 때 가까운 주변 사람들의 반응을 살피기도 합니다. 그때 가장 의지할 수 있고 항상 자신을 보호해줄 수 있는 부모님이 강아지에 대해서 호의적인 반응을 일관적으로 보여준다면, 아이들은 강아지에 대한 두려움을 차츰차츰 이겨낼 수 있을 것입니다.

Part 03

당신을 위한
슈퍼 솔루션은
없다

반려견 교육을
시작하기에 앞서

🐾

우리가 모르는 사이에도
강아지들은
자신이 할 수 있는 혼신의 힘을 다해
살아가고 있습니다.

조금 느린 것입니다. 우리도 무언가를 배울 때 충분한 시간이 필요하듯이 반려견한테도 이런 시간이 필요합니다. 가끔은 누군가가 어떤 것에 대해 아무리 설명해도 하나도 이해하지 못할 때가 있지요. 반려견도 똑같습니다. 하기 싫은 것이 아닙니다. 반려견의 언어와 행동은 우리와 다르며 따라서 배우는 과정도 다릅니다. 그러니 조금 느리게 배운다고 혼내거나 화내지 마세요. 반려견들은 항상 최선을 다해서 여러분의 말을 듣고 있고 여러분의 마음을 이해하려고 혼신의 힘을 다하고 있습니다. 강아지의 교육에 실패하는 이유는 대부분 사람에게 있습니다. 그들은 자신이 마음먹은 대로 강아지들이 움직이지 않는다고 조급해합니다. 원하는 만큼 결과가 나오지 않으면 반려견에게 어딘가 문제가 있는 것으로 판단합니다. 울타리 안에 가둬놓고 신문지를 깔아주고는 왜 빨리 대소변을 못 가리느냐고 합니다. 또 반려견이 사람을 한 번 물기라도 하면 문제가 심각하다면서 센터 같은 곳에 의뢰해 안락사를 시키기도 합니다.

아홉 살 된 반려견이 배변을 제대로 못 한다 해도 교육을 통해서 잘 가릴 수 있게 할 수 있습니다. 사람을 공격했어도 적절한 치유만 받으면 사람과 함께 살아갈 수 있습니다. 반려견의 이상행동은 사람 때문입니다. 강아지 교육에 대해서 관심을 가지고 노력한다면, 또 포기하지 않는다면 얼마든지 이상행동은 수정될 수 있습니다.

대소변을 잘 못 가린다고요? 너무 짖나요? 공격적인가요?

포기하지 마세요.

그들에게 필요한 건 시간과 애정입니다. 우리가 모르는 사이에도 강아지들은 자신이 할 수 있는 만큼 혼신의 힘을 다 하며 살아가고 있을 테니까요.

반려견 교육,
언제 시작해야 할까?

강아지가 집에 오는 순간부터
교육을 해야 합니다.
하지만 훈련은 하지 마세요.

"이번에 강아지를 입양했는데 언제부터 훈련을 해야 하나요?
지금은 너무 어려서 힘들겠지요? 훈련을 시작하는 가장 좋은
시기가 궁금합니다."

이런 질문을 받으면 저는 "그럼 의뢰인께서는 강아지한테 어
떤 것을 가르치고 싶으신가요?"하고 되묻습니다. 아마도 많
은 분이 훈련이라고 하면, '앉아' 또는 '엎드려'를 생각할 것입

니다. 심지어 '안 돼!'를 가르치고 싶어 하는 분도 있습니다. 강아지의 행동을 통제하는 것을 훈련이라고 생각하는 분이 많습니다. 제 답은 항상 같습니다.

"강아지가 집에 오는 순간부터 교육을 해야 합니다. 하지만 훈련은 하지 마세요. 앞으로도 훈련은 할 필요가 없습니다."

이렇게 말하면 사람들은 또 잔소리를 한다며 듣기 싫어 합니다. "그냥 몇 개월부터 하면 좋다고 딱 말하면 되지, 왜 그렇게 말이 많아?"하고 말입니다. 저는 반려견 훈련사라고 말하고 다니지만 사실 훈련이라는 말을 좋아하지 않습니다. 반려견과 사람이 더 행복하게 사는 데 필요한 건 훈련이 아니라 교육입니다. 반려견과 사람이 서로 맞춰가는 과정이지요.

강아지가 2개월이면 사람 나이로 두 살 정도입니다. 강아지가 3개월이면 사람 나이로 세 살, 4개월이면 네 살이고, 5개월이면 다섯 살입니다. 6개월이면 사람 나이로 여섯 살 내지 여덟 살이 됩니다.

여러분은 자녀가 일곱 살이 되었을 때 무엇부터 가르치나요? 아마도 물건의 이름을 알려주고 어떻게 쓰는지 가르칠 것입니다. 사람들의 이름을 알려주고 어떻게 사귀는지 가르칠 것입니다. 상대가 아파하고 슬퍼하면 같이 공감하고 위로가 되어줘야 한다는 것을 아마 그 나이 때쯤 가르쳐줄 것입니다. 그런데 가끔씩은 가르칠 필요가 없을 때도 있습니다. 가정이 화목하고 올바른 환경이면 아이들은 부모의 행동을 자연스럽게 따라 할 것이고 그런 부모 아래서라면 아이는 건강하게 성장할 것이기 때문입니다.

반려견 교육도 마찬가지입니다. 건강한 부모견 밑에서 좋은 브리더의 지원을 받고 자란 강아지들은 이미 많은 것을 배웠을 것입니다. 그리고 그 바통을 새로운 보호자가 이어받는 것이지요. 그러니 교육은 강아지가 집에 오는 순간부터 시작되어야 합니다. 새로운 가족과 환경에 적응하는 것을 배워야 합니다. 여러분이 해야 할 일은 그 옆에서 강아지가 익숙해질 수 있게 도와주는 일이겠지요. 우리가 자녀들에게 하듯이 말입니다. 물그릇과 밥그릇이 어디에 있는지, 따뜻하고 안전하게 쉴 곳은 어딘지 알려주어야 합니다. 또 집에 있는 물건들의 모양을 보여주고 충분히 냄새를 맡게 해줘야 합니다. 그리고 가족이 자신을 괴롭히거나 아프지 않게 할 거라는 믿음을 가질 수 있게 도와주어야 합니다. 이런 것을 훈련이라고 말한다면 저도 얼마든지 찬성합니다.

그럼 '앉아, 엎드려' 같은 것은 언제쯤 가르쳐야 할까요?

사실 강아지와 행복하게 살아가는 데 그런 '동작 만들기'는 그리 필요하지 않답니다. 강아지가 가족의 일원이 된다면, 내가 걸으면 같이 걷고, 내가 서면 같이 걸음을 멈추고, 내가 앉으면 내 옆에 앉든 엎드리든 할 것입니다. 자연스러운 행동입니다. 반려견들은 명령을 듣고 동작을 일부러 만드는 것을 어색해하며 불안해합니다. 그럴 때마다 자동적으로 다음 명령을 기다리며 긴장하게 됩니다. 긴장은 스트레스를 유발합니다. 그러니 가족이 되고자 한다면 '안 돼!'를 가르칠 필요가 없습니다.

머릿속에서
'서열'이라는 단어를
지워버리세요

한 생명을 보호하고
그들과 함께 더 나은 인생을 살 수 있도록
노력하는 것이 보호자입니다.

기도 비슷한 것을 해봅니다.

제가 만나는 모든 의뢰인이 자신의 반려견을 지배하고 거느리려 하기보다는 좋은 친구가 될 수 있기를 바랍니다. 제가 만나는 모든 의뢰인이 자신을 만지려고 할 때 으르렁거리는 반려견을 버릇없고 주인도 몰라보는 문제견으로만 바라보지 않기를 바랍니다. 제가 가장 바라는 것 중 하나가 바로 반려견과 보호자 사이에 서열이나 주종관계가 사라지는 것입니다.

"지금 내 상태가 안 좋아요. 지금은 만지지 말아주세요."

"너무 가까워요. 조금 천천히 와주세요."

"이봐! 너무 가깝잖아! 좀 떨어질 수 없어?"

강아지들이 외부자극에 반응하여 이렇게 외치면 우리는 조용히 하라며 소리를 지릅니다. 그런데 사실 그들은 밖에 있는 누군가에게 "어이, 이봐 당신! 우리 집하고 너무 가까이 붙어 있는 거 아니야?"라고 말하는 것입니다. 어찌 보면 기특한 행동이지요. 이럴 땐 무턱대고 반려견을 혼내는 것보다 "그 소리가 우리를 위협하지 않을 거야."라고 친절하게 알려주고 안심시켜 주는 것이 좋습니다. 땅에 떨어진 것을 주워 먹으면 안 된다고요? 그들은 항상 주변의 냄새를 맡고 우리 곁에서 음식물을 얻어먹어왔습니다. 이제 와서 더럽다고 먹지 말라고 하면 100만 년 동안 인간과 살아오면서 배운 것은 어떻게 하지요? 맞습니다. 많은 분이 걱정하는 대로 도시는 너무 지저분합니다. 공원에는 강아지 대변도 많지만 왜 그렇게 닭 뼈가 많은지 모르겠습니다(과태료 10만 원 부과해주시기를…). 그래서 반려견들이 부패한 음식물을 먹고 탈이 날 수도 있습니다. 걱정스러운 마음에 길에 떨어진 먹이를 못 먹게 할 수도 있습니다. 그런데 그런 행동들을 모두 '서열'이라는 범주에서 인식하고 반려견들에게 훈련을 강요하는 것은 잘못된 일입니다. 어떤 책에 나와 있는 것처럼 '평상시 서열을 명확히 하는 것이 중요하다. 특히 반려견과 산책을 할 때 내 앞으로 걷게 해서도 안 되고 냄새를 맡게 해서도 안 된다. 그래야 주인을 주인으로 인식하고 말을 잘 듣는다.'라고 가르친다면, 반려견들에게 산책은 정말 괴로운 일이 될 것입니다. 그 책의 내용대로라면 우리는 항상 반려견의 목을 조르고 당기며 코로 땅의 냄새도 못 맡게 해야 할 것입니다. 그러면 목이 조이는 반려견도 아프고, 줄을 당기고 화내는 우리의 가슴도 아프겠지요. 우리는 보호자로서 깨끗하고 안전한 곳에서 산책하려 노력해야 하며 반려견에게 그 공간의 냄새를 모두 확인할 수 있게 기회를 줘야 합니다. '보호자'라는 단어는 많은 것을 내포하고 있습니다. 주인이 아니라 보호자입니다. 한 생명을 보호하고 그들과 더 나은 인생을 살 수 있도록 노력하는 것이 보호자입니다.

음식물 쓰레기가 있다면, 그때는 줄을 짧게 잡고 지나갈 수도 있습니다. 사람들이 많다면, 피해를 주지 않기 위해서 언제든 줄을 짧게 잡을 수 있습니다. 그렇게 하는 것이 우리가 보호자로서 반려견과 함께 도시에서 살아가는 방법입니다.

많은 사람이 반려견에게는 서열이 중요하다고 말합니다.

"내 앞으로 걸으면 안 돼!"
"냄새 맡아도 안 돼!"
"기다려!"
"조용히 해!"
"이리 와!"

이런 말이 계속 반복되면 반려견은 보호자를 무서워하게 될 것이고 자신의 감정을 솔직히 표현하지도 못하게 됩니다.

혹시,

"행복해!"
"무슨 일 있어? 표정이 안 좋아. 같이 놀까?"
"잘 다녀와. 네가 올 때까지 기다릴게, 즐겁게."

이렇게 말하는 친구 같은 반려견으로 키우고 싶으십니까? 그렇다면 부디 머릿속에서 서열을 잊어주시기 바랍니다.

왜 혼을 내고
싶으세요?

우리가 반려견을 벌하고 혼낼 때를 보면
일방적으로 우리 기준에서만
생각하는 경우가 많습니다.

반려견을 훈련하는 훈련사들로부터 '즉벌즉상'이라는 말을 어렵지 않게 들을 수 있습니다. 이 말은 반려견이 잘못된 행동을 했다면 곧바로 혼내고 벌을 줘야 하며, 좋은 행동을 했다면 반드시 칭찬을 해야 한다는 뜻입니다. 이 즉벌즉상에 대해서 한 번 생각해보겠습니다.

즉벌즉상을 설명할 때 꼭 나오는 이야기는 반려견들한테

는 추리력이 없다는 것입니다. 그들은 여러 가지 상황을 이해하고 역으로 추리할 수 있는 능력이 부족하기 때문에 어떤 행동 뒤에는 반드시 그에 맞는 결과를 보여줘야 한다는 것입니다. 그런데 이 말이 항상 옳을까요? 하루 종일 혼자 있으면서 방 안 여기저기에다 대소변을 실수해 놓은 강아지가 있습니다. 보호자가 집에 들어와서 엉망이 된 집을 보고 화가 나서 강아지를 심하게 혼냈습니다. 이런 상황에서 강아지가 자신이 왜 혼이 났는지 이해했을까요? 아닙니다. 강아지는 전혀 이해하지 못합니다. 단지, 보호자가 와서 반겼더니 보호자가 화를 낸다고만 생각해서 앞으로는 보호자가 들어와도 마음껏 반기지 못하고 의기소침한 모습만 보일 것입니다.

이렇게 강아지는 오래전 상황뿐만 아니라 얼마 지나지 않은 일도 우리가 아무리 되짚어서 칭찬하고 지적해도 우리가 원하는 상황과 연결하기를 어려워할 뿐 아니라, 아예 못할 수도 있습니다. 즉벌즉상을 이야기하는 훈련사들 말처럼 추리력이 부족한 것이지요. 그렇다면, 즉벌즉상이라는 말이 꽤 설득력 있게 들립니다. 상황 추리력이 약하니까 그때그때 즉시 벌과 상을 줘야 한다는 뜻이니까요. 하지만 조금 더 생각해봐야 합니다.

제가 말하고 싶은 부분은 '즉벌'에 있습니다. 우리는 언제 벌을 줄까요? 우리는 반려견의 어떤 행동이 잘못됐다고 생각하고 있을까요? 그렇다면 우리가 원치 않는 것이 정말 반려견들이 하면 안 되는 행동일까요? 즉벌즉상을 배운 사람들은 반려견한테 자신이 배운 교육법을 적용해보면서 여러 경험을 하게 됩니다. 그리고 여러 상황에 직면하게 되지요. 강아지가 거실에서 소변을 봅니다. 그 모습을 지켜보던 보호자는 순간 놀라며 어떻게 해야 할지 몰라서 당황합니다. 그리고 즉벌즉상을 생각해내고 외칩니다.

"안 돼!"

소변을 보던 강아지는 놀라서 소변을 멈추기도 합니다. 어떤 강아지는 소변을 흘리며 도망가기도 하고, 당황한 표정으로 그 자리에 가만히 얼어 있기도 합니다. 보호자는 강아지를 안고는 다시 고민합니다.

'어떻게 해야 하지?'

그리고 다시 즉벌즉상을 생각합니다.

"왜 여기서 실수한 거야?"라고 강한 목소리로 혼을 냅니다. 자, 이런 일이 앞으로 3~5번 더 일어난다고 가정해보면 그때 강아지의 감정은 어떨까요? 그리고 어떤 것을 배울까요? 반려견의 행동을 이야기할 때에는 무엇보다 반려견의 감정을 먼저 이해해야 합니다. 생각해봅시다. 보호자는 왜 그때 벌을 줬을까요? 아마도 보호자가 생각하기에 거실은 강아지가 소변을 봐도 되는 곳이 아니었을 것입니다. 그래서 몹시 화를 내고 벌을 주었겠지요. 그렇다면 강아지도 우리가 의도했던 것처럼 '아, 내가 거실에서 소변을 봐서 주인님이 화가 난거구나.'라고 생각했을까요? 혼이 난 강아지가 앞으로는 사람처럼 거실에서 소변을 보면 안 된다는 사회적인 합의와 청결에 대한 의식을 되뇌면서 볼일을 볼까요? 아니, 오히려 우리의 의도와는 달리 자신의 배변활동 자체를 보호자가 불쾌해하고 싫어한다고 느끼지는 않았을까요?

강아지는 그저 배변 자체가 잘못된 것이라고밖에는 생각하지 못할 것입니다. 그래서 점점 보호자가 활동하는 장소가 아닌 곳에 배변을 하고 싶어 하겠지요. 옷장 구석, 식탁 밑, TV 테이블 뒤쪽 같은 곳 말입니다. 그렇다면 이 상황에서 즉벌즉상이 과연 옳은 방법이었을까요?

다른 예를 들어보겠습니다. 반려견과 산책을 나갔습니다. 반려견은 자신이 산책을 나오지 않은 동안 새로운 소식이 있나 궁금해 하며 이곳저곳에 소변을 봅니다. 그런데 보호자는 항상 반려견이 자신의 뒤에서 걷기를 바랍니다. 가능하다면 왼쪽에서 걷기를 바라지요. 보호자는 연신 줄을 당기면서 "안 돼!" "따라 와" 등의 명령을 반복해서 내립니다. 그러면 반려견은 잠깐 듣는 듯하다가도 다시 점점 줄을 당겨 앞으로 나갑니다. 그리고는 냄새를 맡다가 급기야 보호자의 명령을 듣지 않고 냄새에만 집중합니다. 화가 난 보호자는 반려견을 더욱 강하게 나무랍니다. 반려견은 긴장해 귀를 살짝 뒤로 젖힌 채 조금씩 사선으로 걷기 시작합니다. 그리고 보호자의 눈치를 보며 슬슬 앞으로 나가게 되지요. 보호자 눈에는 강아지가 반항하는 걸로 보입니다. 그러면서 이 문제를 해결하기 위해 초크체인 같은 징벌용 도구를 사용하기 시작하지요. 목에 걸린 체인이 당겨지자 놀란 반려견은 처음에는 잘 따라오다가 다시 앞서 나가기 시작합니다. 도구는 점점 무서운 것으로 변합니다. 훈련용 전기충격기 같은 것들로 말이지요. 즉벌즉상을 주장하는 훈련사들은 이 상황을 보호자의 리더십이 부족해 반려견이 보호자를 무시하는 거라고 말합니다. 정말 그럴까요? 더 강한 리더십이 필요하고 강한 복종훈련과 제압하기를 더 꾸준히 해야 할까요?

자, 무엇이 잘못됐을까요? 사람들은 반려견과의 산책을 군대에서 하는 제식훈련으로 잘못 생각하고 있습니다. 우리는 반려견과 야외에 나갈 때 그들을 괴롭히려는 것이 아닙니다. 말 그대로 산책을 하려는 것이지요. 그들과 행복하려고 말입니다. 우리가 반려견을 벌하고 혼낼 때를 보면 일방적으로 우리 기준에서만 생각하는 경우가 많습니다. 내가 불편하면 잘못된 것이고 내가 편하면 좋은 행동이라는 생각으로 반려견을 가르치려고 합니다. 자신이 3만 원짜리 청바지를 입었을 때 강아지가 다리에 올라오면 예뻐합니다. 하지만 출근하려고 정장을 입었을 때 강아지가 다리에 올라오면 잘못된 행동이라고 혼을 냅니다(당신의 가난을 부끄럽지 않게 생각하는 존재는 당신의 부모님과 반려견뿐입니다).

"훈련사님, 그럼 언제 혼을 내야 하죠?"

라고 묻는 분들에게 저는 이렇게 되묻습니다.

"왜 혼을 내고 싶으세요?"

우리는 자주 혼을 내고 싶어 합니다. 그게 교육이라고 생각합니다. 잘못된 행동을 하면 혼이 나야 한다고 생각합니다. 어떤 의뢰인은 자신이 강아지를 짖게 만들어볼 테니 그때 훈련사 당신이 못 짖게 해보라고 하는 분도 있습니다. 반려견을 훈련시키면서 저는 혼을 내고 화를 낼 이유를 어디에서도 찾을 수 없었습니다. 물론 저도 혼을 내거나 강하게 훈련한 적이 있습니다. 그런데 반려견이 왜 그런 행동을 하게 됐으며, 왜 이런 결과가 나왔는지 알게 된 후부터는 그렇게 할 수가 없었습니다.

혼내고 싶나요? 혼내야 할 것 같나요? 지금 혼내지 않으면 반려견의 훈육과 교육이 엉망이 될 것 같나요? 제가 단언할 수 있는 것은 혼을 내는 것도 버릇이며 나중에는 혼내기를 위한 혼내기를 하게 된다는 것입니다. 반려견을 혼내기 전에 한 번만 더 생각해보십시오.
'왜 내 강아지가 이런 행동을 했을까?' 하고 말입니다.

복종훈련은
없다

왜 강제로 배를 보이게 해야 하는지요?

반려견에게 배는 신체 중 가장 약하며 가장 중요한 장기들이 모여 있는 곳입니다. 따라서 배를 보인다는 것은 반려견 입장에서 항상 조심스러운 일일 수밖에 없습니다. 또 매우 중요한 신호라는 것을 알아야 합니다. 반려견들이 배를 보이는 이유는 크게 두 가지입니다.

첫째, 반가워서

둘째, 두려워서

집에서 보호자를 기다리던 반려견은 보호자의 퇴근을 말 그대로 신명나게 반깁니다. 반가워서 꼬리를 세차게 흔들며 몸을 이리저리 비틀고, 고개를 다리 밑으로 숙이거나 흔들면서 보호자의 곁을 맴돕니다. 다시 만났다는 것에 대한 행복감을 이렇게 온몸으로 표현하는 것이지요.

이런 행동들은 반려견들이 야생에서 살던 과거의 습성에서 나온 것입니다. 사냥에 성공했을 때 개과 동물들은 사냥감을 그 자리에서 해체하고 바로 먹어버립니다. 다른 짐승들처럼 사냥감을 물고 나무 위에 올라가거나 그 자리에서 지키고 있을 수 없기 때문에 사냥 후 곧바로 사냥감을 먹어치워야 했습니다. 무리에서 기다리고 있던 새끼와 동료들은 사냥을 마치고 돌아오는 개들에게 달려들어 먹이를 게워주기를 바라며 입과 턱을 연신 핥아댔습니다. 이런 습성이 오늘날 우리가 퇴근하고 왔을 때 우리를 반기는 모습으로 바뀐 것입니다.

하지만 배를 보이는 모습은 이런 행동과는 다릅니다. 여러 가지 의미로 해석할 수 있습니다. 단순히 누군가를 반길 때처럼 행복한 의미만 있는 것이 아니라, 흥분 상태이거나 편안하게 휴식을 취할 때 혹은 두려움을 느낄 때도 그런 행동을 합니다. 요컨대 배를 보이는 것이 항상 행복한 상태를 나타내는 것은 아니라는 이야기입니다. 오히려 오랜 시간 혼자 있었거나 하루 동안 생긴 스트레스를 한순간에 표출할 때 배를 내보이는 경우가 많습니다.

특히 배를 만졌을 때 강아지가 꼬리의 움직임을 멈추는 것은 불안한 상태일 때 나오는 행동입니다. 또한 매우 두렵고 공포감에 사로잡혔을 때에도 이런 모습을 보입니다. 우리는 이것을 복종이라고 생각하는데, 이런 감정 상태의 반려견을 진단해보면 흥분호르몬 지수와 심장박동수가 매우 높게 나타납니다. 결국 반려견들은 자신이 매우 긴장하고 있으며 정상적인 상태가 아님을 표현하는 것입니다. 이럴 경우 보호자와의 신뢰 관계에 큰 문제가 생길 수도 있습니다.

많은 훈련사가 반려견을 다리 사이에 끼고 강제로 배를 보이게 하는 것이 자신을 반려견보다 우위에 있는 존재로 보이게 하는 좋은 방법이라고 말하고 있습니다. 그럴 때마다 반

려견이 불안해하는 모습을 보이면 훈련사들은 그것이 바로 우리를 존중하고 우리에게 복종하는 모습이라고 자신 있게 말합니다. 저라면 누군가가 제 몸을 힘으로 조른다면 어쩔 수 없이 항복하긴 하겠지만 그 사람을 존경하거나 진정한 리더로 생각하지는 못할 것입니다. 당연한 이치 아닌가요? 어떻게 힘으로, 강제로 배를 보이게 하는 것이, 그들의 존경과 신뢰를 얻을 수 있는 방법인지 저는 도저히 이해할 수가 없습니다.

복종훈련으로 큰 파장을 일으켰던 유명한 훈련사 역시 자신의 훈련 방법에 큰 오류가 있다고 고백한 적이 있습니다. 미국의 유명한(훌륭하다는 말이 아닙니다) 훈련사가 복종훈련법을 다시 소개했을 때, 미국의 학자들과 많은 훈련사는 미국의 반려견 훈련이 40년 전으로 후퇴했다고까지 이야기했습니다.

반려견이 배를 보이지 않는다고 해서 우리를 신뢰하지 않는 것이 아닙니다. 또, 강제로 배를 보이게 하는 것이 그들에게 존중받는 방법은 아닙니다. 사람과 반려견은 표현 방식은 다르지만 감정은 같습니다. 복종훈련은 이미 수십 년 전부터 여러 문제가 있는 것으로 판명되었습니다. 잘못된 믿음은 고쳐야 합니다. 강요와 복종으로 맺어진 관계는 행복할 수 없습니다. 좋은 관계는 힘으로 만들어지는 것이 아니니까요.

강아지가 배를 보인다면 천천히 다가가서 부드럽게 만져 주세요. 특히 어린 강아지에게는 더욱 더 안정감 있게 행동하는 것이 중요합니다. 만약 강아지의 표정이 굳거나 긴장되어 보인다면 만지지 않는 것이 좋습니다.

천천히, 즐겁게 하는
반려견 교육

천천히 하세요.
작은 변화에 주목하고
작은 발전에 감동하세요.

복종훈련에 대해서 조금 더 말하려고 합니다. 흔히 '앉아', '엎
드려', '기다려' 같은 명령어로 교육하는 것을 복종훈련이라고
합니다. 반려견을 압박해서 반려견의 동작만 그럴듯하게 만
드는 것이지요. 훈련이라는 용어 자체가 주는 뉘앙스가 강하
다보니 많은 보호자가 자신의 강아지에게 '앉아'나 '엎드려'를
가르치면서 부지불식간에 위협적인 제스처와 명령을 하게 됩
니다. 간혹 어떤 의뢰인들은 반려견이 빨리 익히지 못한다고

혼을 내기도 합니다. 그런 분들은 혼을 내며 교육하는 것이 옳은 것으로 잘못 알고 있습니다. 그래서 저는 '복종훈련'이라는 말보다 '예절교육'이라는 말을 쓰려고 합니다.

예전에 어떤 반려견 훈련사가 교육하는 모습을 본 적이 있습니다. 교육 중에 훈련사는 반려견에게 엎드리라고 명령했지요. 그런데 반려견은 엎드리지 않았습니다. 다른 곳을 보고 있었고 의욕도 없어 보였습니다. 훈련사는 당황했는지 다시 명령했습니다. 그래도 엎드리지 않자 훈련사는 초크체인이 걸려 있는 목줄을 사정없이 힘껏 당겼습니다. 그러자 겁에 질린 반려견은 움츠리며 엎드렸습니다. 훈련사는 겁에 질려 엎드린 반려견을 향해 다시 "엎드려!"라고 명령하고서는 머리를 쓰다듬으며 칭찬을 했습니다. 이 광경은 정말 끔찍했습니다. 강아지 처지에서는 그 훈련사가 어떤 점을 혼낸 것이고 어떤 행동을 칭찬했는지 전혀 알 수 없었을 겁니다. 그냥 무서웠다가, 어리둥절했다가 하는 것뿐이지요. 반려견 교육은 반려견과 좋은 관계를 만드는 것부터 시작해야 합니다.

반려견들은 오래전부터 사람과 상호작용하며 살아왔으며 감정을 나누고 어울리는 것을 좋아하는 동물입니다. 앞서 설명한 것처럼, 많은 보호자들이 반려견을 잘 다루려면 자신이 대장이 되어야 하고 반려견을 엄하게 대해야 한다고 생각하는데 사실은 그렇지 않습니다. 내 명령에 귀 기울이지 않는다면 먼저 보호자와 반려견의 관계부터 의심해봐야 합니다. 자녀가 말을 안 듣고 제멋대로 행동하는 것이 자신이 집에서 가장 힘이 세다고 생각해서일까요?

반려견한테 '앉아'를 가르치고 싶다면 우선 강아지가 제일 좋아하는 것을 찾으세요. 이것을 '보상'이라고 정하겠습니다. 처음 강아지에게 '앉아'를 가르치고 싶다면 언제 앉는 행동을 자주 하는지부터 살펴본 후, 그 상황을 만들고 기다립니다. 그리고 강아지가 앉는 순간 보상을 주면 됩니다. 이때 말로 하는 명령은 아직 가르칠 필요가 없습니다. 강아지가 앉을 때마다 적절히 보상을 잘해 준다면 강아지는 금세 보호자 앞에서 앉는 행동만 하게 될 것입니다. 강아지가 느끼기에 '앉아'는 즐거운 것이기 때문입니다.

상황이 순조롭게 진행되면 반려견에게 '앉아'라는 소리를 알려줘야 하는데, 이때도 강아지가 앉으려고 할 때나 앉을 것 같은 상황 직전에 '앉아'라는 말을 하고 기다리면 됩니다.

중요한 포인트는 단 한 번만 말하는 것입니다. 반복하지 마세요. 말을 걸지 마세요. 그냥 한 번만 말하고 기다리세요. 그리고 강아지가 앉을 때 보상만 주면 됩니다. 천천히 하세요. 작은 변화에 주목하고 작은 발전에 감동하세요. '앉아'가 성공했다면 다른 동작도 이런 방법으로 해보시길 바랍니다. 교육은 강아지가 즐겁게 참여할 수 있도록 해야 합니다.

예절교육은 반려견과 함께 사는 데 필수조건은 아닙니다. 하지만 복잡한 현대사회에서 반려견과 함께 살기 위한 좋은 방법은 될 수 있습니다.

반려견에게 동작을 가르치려면

내가 왜 이 행동을 가르치려고 하는지 신중하게 생각해야 합니다. 사람들이 동작을 가르치려는 이유는 대부분 반려견의 행동을 통제하고 싶어서입니다. 하지만 그들과 지내다보면 정작 그들의 행동을 통제해야 할 일이 거의 없습니다. 그래서 하나를 가르치더라도 '왜?'라는 질문이 중요합니다. 왜 그 동작을 가르쳐야 하는지 우리 스스로 정확하게 인식한 다음 교육해야 하는 것이지요. 우리가 자녀에게 '앉아'와 '엎드려'를 가르치지 않는 이유와 같습니다. 하지만 이런 동작들은 간혹 우리가 사는 복잡한 세상 속에서는 필요할 때가 있기에 간단하게 소개합니다.

1) 명령은 할 필요가 없다.

2) 강아지가 좋아하는 간식을 준비한다.

3) 그 간식을 손에 들고, 천천히 걷는다.

이렇게 하면 강아지가 당신이 맛있는 간식을 들고 있는 것을 알고 따라다니게 됩니다. 점프도 하고, 손에 있는 간식을 낚아채려고 할 수도 있습니다. 이럴 때에는 당황하지 말고 반대 방향으로 천천히 걸어가면 됩니다. 단, 아무 말도 하지 말아야 합니다.

4) 천천히 걸음을 멈춘다.

가만히 서 있는 도중 강아지가 점프를 하면 등을 돌립니다.

5) 들고 있던 간식을 준다.

이때 강아지가 당신 앞에 다가와 앉을 수도 있습니다. 간식은 보상의 의미로 주면 됩니다. 머리를 쓰다듬거나 하는 스킨십은 하지 않아도 됩니다.

6) 다시 다른 곳으로 움직이다가 강아지가 따라오면 다시 보상을 준다.

놀랍게도 이런 방법으로 강아지는 당신이 멈췄을 때 옆이나 앞에서 멈춰 앉는 것을 배울 수 있습니다. 명령은 여전히 필요하지 않습니다. 명령은 강아지의 자발적인 행동과 생각을 방해할 수 있습니다. 다시 한 번 말하지만 강아지를 키우는 실생활에서 명령은 그렇게 필요하지 않습니다. 이런 교육이 숙달되고 난 후 명령어를 덧붙여 가르쳐도 전혀 늦지 않습니다. 꼭 기억하세요. 반려견의 행동을 통제하기 위해서 동작만 만드는 '훈련'은 바람직하지 않습니다.

왜 깨물고,
왜 아무 데나 쌀까?

억압을 통한 행동수정은 마약일 뿐입니다.
반복되면 중독되고,
중독되면 큰 병이 될 수 있습니다.

"아니, 난 나 좋으라고 강아지 샀지! 강아지 생각하려고 산 게
아니라고요!"

개는 사회적인 동물입니다. 우리 인간처럼 말이지요. 그래서
그들은 사람이나 다른 개들과 어울리기를 좋아합니다. 어울
린다는 것이 그저 함께 논다는 뜻이 아닙니다. 같이 먹고, 같
이 자고, 같이 걷고, 서로의 감정을 공유한다는 뜻입니다. 사

람은 자신의 의지로 관계를 만들 수 있지만 개는 그렇지 못합니다. 사회적인 동물은 사회에서 고립되거나 그들 나름의 사회를 만들지 못하게 되면 생존에 큰 위협을 느낍니다. 그래서 개 역시 사회활동과 관련한 욕구가 강합니다. 특히 오랜 기간 인간을 위해 개량되고 인간에 맞추어 진화한 개들에게 인간이 미치는 영향은 절대적입니다.

많은 사람이 강아지가 손가락을 물거나 배변 실수를 하는 이유를 훈련 방법과 서열에서 찾으려고 합니다. 그러면 문제는 더욱 심각해집니다. 어릴 때 엄격한 가정에서 매 맞고 자란 아이들이 커서 정상적인 사회생활을 하기 어렵듯이 잘못된 교육은 강아지의 문제 성향을 키울 뿐입니다. 무엇보다 당신을 그토록 따르고, 당신이 그토록 예뻐하는 강아지가 행복하지 않게 됩니다. 반려견을 키우는 목적이 단순히 자신을 드러낼 수 있는 아이템을 하나 더 갖는 것이 아니라 반려견과 사람 모두 행복해지기 위해서라면 그들의 목소리에 귀를 기울여야 합니다. 같이 자야 하고, 먹어야 하고, 걸어야 합니다. 처음 가는 곳을 같이 걸으며 설렘도 함께 느껴야 합니다. 우리가 비록 그들을 가게에서 결제한 뒤 간단하게 집으로 데리고 왔다 하더라도 그들에게도 삶이 있다는 걸 알아야 합니다. 우리에게 어린 시절의 추억이 있듯이 반려견에게도 이런 시절이 있습니다. 그들 또한 사람들처럼, 이해하고 느끼며 삽니다. 당신의 강아지가 아무 데나 싸고 깨무는 행동을 한다면 아마도 외로워서일 것입니다. 자신의 마음을 보호자들이 몰라줘서, 자신의 행동을 보호자가 이해하지 못해서, 그래서 외로울 겁니다. 그들은 가족과 친구가 필요한 사회적인 동물이니까요.

반려견을 키우는 많은 사람들이 자신들을 위한 슈퍼 솔루션을 찾습니다. 어떻게 하면 자신들의 라이프스타일을 해치지 않으면서 강아지들이 주는 기쁨만을 얻을 수 있을까 하는 이기적인 생각을 가지고 살기 때문입니다. 하지만 사람처럼 반려견 또한 저마다 천차만별이며 고유한 개성을 가진 생명체입니다. 모든 강아지에게 통하는 슈퍼 솔루션 같은 건 없습니다. 자칭 전문가라는 사람들이 알려주는 억압을 통한 행동수정은 마약일 뿐입니다. 문제를 근본적으로 해결하는 것이 아닌, 겉만 번지르르한 방법입니다. 반복되면 중독되고, 중독되면 큰 병이 될 수 있습니다.

덮어놓고 '문제'로만
여겨서는 안 됩니다

강아지를 지켜볼 때
우리에게 필요한 것은
인내와 '왜?'라는 질문뿐입니다.

반려견이 느끼는 감정은 우리 인간과 상당 부분 일치하지만 표현하는 방법과 순서에는 꽤 차이가 있습니다. 예를 들어 우리가 강아지에게 사랑을 표현하려고 꼭 껴안거나 입맞춤 하는 것을 강아지는 때때로 위협적인 행동으로 받아들일 수 있습니다. 반대로 우리는 강아지들이 보호자에게 애정을 표현하는 것을 이상행동으로 받아들이기도 합니다. '사랑스럽다'라고 느끼는 것은 같지만 그것을 표현하는 방식에는 차이가 있는 것이지요.

우리는 아플 때 소리를 내고 눈물을 흘립니다. 그리고 가끔은 과격해지기도 합니다. 때론 안 좋은 표정을 지을 때도 있고 말을 퉁명스럽게 내뱉을 때도 있습니다. 반려견도 우리와 같이 자신의 감정을 상대가 알아주기를 바라며 표현을 합니다. 제가 상담 의뢰를 받고 의뢰인과 반려견을 만나러 가면 안타까운 마음이 들 때가 많습니다. 강아지는 힘들다고 보호자에게 한없이 표현하는데 보호자는 단지 그런 표현들을 이상 행동으로만 치부하니까요. 보통 이럴 때 의뢰인들은 반려견이 표현하려는 행동들을 그냥 모두 멈추게 해달라고 부탁합니다. 반려견의 행동에 어떤 문제가 있는 것이 아니라, 단지 몸이 아프다거나 어떤 욕구가 만족되지 않아서 하는 행동들인데도 그 의미를 제대로 알려고 하지 않는 것입니다.

사람들의 머릿속에는 자신이 생각하는 반려견의 이미지가 깊게 각인되어 있습니다. 그리고 상상 속에 있는 그 모습 그대로 반려견이 행동해 주기만을 바랍니다. 마음대로 안 되고, 기대에 어긋나는 행동을 하면 그 책임을 모두 강아지에게 돌립니다. 그래서 더 강아지를 압박하고, 혼내고, 심지어 때리는 일까지 빈번하게 일어나지요. 강아지가 어떤 이유에서 그런 행동을 하는지 알려고 하지 않습니다. 사람 사이의 관계도 마찬가지지만 좋은 관계를 위해서는 서로 알려고 하는 노력이 중요합니다. 이상한 행동을 한다고 해서 덮어놓고 문제로만 여겨서는 안 된다는 말입니다.

저 또한 새로운 강아지를 만날 때면 얼마나 설레고 기대가 되는지 모릅니다. 어떤 성격일까? 어떤 생각을 할까? 고민하고 지켜봅니다. 어떤 시선을 가지고 보느냐에 따라서 강아지의 모습은 각양각색입니다. 선입관은 관계를 망치는 지름길입니다. 강아지를 지켜볼 때 우리에게 필요한 것은 인내와 '왜?'라는 질문뿐입니다. 그래서 우리는 그들에게 충분한 시간을 주고 기다려줘야 합니다.

"훈련사님, 너무 짖어요! 빨리 훈련 좀 해주세요!"
"훈련사님, 너무 공격적이에요. 혼내야 하는 거 아닌가요?"
"훈련사님, 너무 낑낑거려요. 좀 멈춰주세요!"

배변 실수를 했나요?
너무 공격적인가요?

헛짖음이 심한가요?

혼자 있는 것을 무서워하나요?

혼자 자신의 발을 계속 핥나요?

지금 강아지가 당신에게 해주고 싶은 이야기가 있나 봅니다. 강아지에게 시간을 내주세요. 그리고 정성껏 살펴주세요. 반려견의 행동을 이해할 때 서열과 리더십은 잠시 잊어도 좋습니다.

반려견의 언어,
카밍 시그널

반려견들은
자신의 몸과 마음의 상태를
항상 우리에게 알리고 있습니다.

반려견의 일상적인 행동을 보면 현재 몸 상태가 어떤지 알 수 있습니다. 그중 우리가 눈으로 자주 살펴볼 수 있는 것으로는 다음과 같은 행동이 있습니다.

    1) 신체 일부를 심하게 핥거나 물어뜯는다.
    2) 자신의 입술을 자주 핥는다.
    3) 생식기와 항문의 냄새를 자주 확인하고 핥는다.

4) 뒷다리나 꼬리를 문다.

5) 몸을 자주 턴다.

6) 순간적으로 달리거나, '플레이보 Play Bow'라고 하는 앞가슴을 바닥 쪽으로 내리는 일명 '공격 자세'를 자주 취한다(경미한 스트레스 반응으로 스스로 조절할 수 있는 수준의 행동).

이 중 자신의 발을 심하게 핥거나, 몸을 물어뜯는 행동을 하거나, 가만히 있다가 뒤를 돌아보며 항문과 생식기의 냄새를 확인하는 등의 행동을 한다면 유심히 관찰해야 합니다. 이런 행동은 스스로 강한 스트레스를 받았을 때나 압박을 받는 환경 속에서 생활하게 될 때 자주 나타나기 때문입니다. 이렇게 자신의 행동을 통해 감정 상태를 드러내는 것을 '카밍 시그널Calming Signals'이라고 합니다. 기분이 좋거나 심리적으로 안정되었을 때에는 긍정적인 카밍 시그널을, 감당하지 못할 만큼의 스트레스나 오랜 시간 동안 안 좋은 환경에 지속적으로 노출되었을 때에는 강박적인 카밍 시그널을 보이기도 합니다. 또, 일반 동물병원에서 진단받기 힘든 추간판탈출증을 앓고 있는 경우도 이상행동을 보일 수 있습니다. 이외에도 척추에 통증이 있는 반려견이 의외로 많이 있으며, 이런 강아지들은 통증에 대한 반응으로 앞발이나 뒷발을 핥고 무는 행동을

합니다.

제 반려견 '첼시'는 허리 쪽에 문제가 있습니다. 첼시는 간혹 쉬는 동안 자신의 앞발을 핥는 모습을 자주 보여주는데 허리 통증 때문일 가능성이 높습니다. 이렇게 반려견들은 자신의 몸과 마음의 상태를 항상 우리에게 알리고 있습니다. 단지 우리가 알아보지 못할 뿐입니다. 인간을 위해서 반려견들은 짖어서 표현하지만, 우리는 시끄럽다고 합니다. 그들의 행동에 좀 더 관심을 기울인다면 우리 모두는 건강하고 행복할 수 있습니다.

꼬리 흔들기의
진실

우리의 웃음과 눈물이 항상 같은 이유가 아니듯
똑같아 보이는 반려견의 행동 안에도
다양한 감정이 숨어 있습니다.

"지난주에 어린 조카들이 갑자기 저희 집에 놀러 와서 많이 소란스러웠어요. 아이들이 그렇잖아요. 뛰고 웃고 소리 지르고…. 저희가 기르는 강아지 '맥스'도 조카들하고 어울려 놀았는데 글쎄, 맥스가 조카 손을 물었답니다. 아니 생전 안 그러던 녀석이 물었다니? 상처는 많이 나지 않았지만 걱정스러웠어요. 맥스가 아이들하고 노는 모습을 봤는데 분명히 재밌게 놀고 있었습니다. 저는 어릴 적부터 강아지를 많이 키워봐서 강아지 기분 정도는 잘 알아요. 제가 봤을 때 맥스는 웃는 모습을 하며 꼬리를 흔들고 있었고 조카를 잘 따라다니고 있었어요. 그런데 도대체 왜 맥스는 조카를 물었을까요?"

간단한 전화 상담이었지만 의뢰인은 반려견의 행동에 적잖이 놀란 것 같았습니다. 의뢰인은 갑자기 맥스가 조카를 물었다고 했지만, 맥스가 그전에 불편함을 충분히 표현했을 거라는 느낌이 들었습니다. 비밀은 꼬리에 있었습니다. 강아지는 자신의 감정을 꼬리로 표현하는 경우가 많습니다. 이런 행동은 생각하고 계획적으로 표현하는 행동과는 다릅니다. 교육을 받아서 학습한 행동 또한 아닙니다. 우리가 생각과 의지로 심장을 멈추게 할 수 없듯이 반려견이 꼬리로 자신의 감정을 표현하는 것을 멈추게 할 수가 없습니다. 그래서 꼬리를 자르는 '단미斷尾'는 매우 위험한 일입니다. 오래전에 사냥터에서 꼬리가 다치는 것을 예방하기 위해서 꼬리를 잘라주기 시작했는데 요즘은 단지 미용을 위해서 꼬리를 자릅니다.

꼬리를 자를 때 강아지들이 고통스러워한다는 것 외에도 단미에는 여러 가지 문제가 있습니다. 특히 웰시코기나 로트와일러Rottweiler, 알프스 남부 지방에서 기르는 덩치가 크고 힘이 센 개 같은 견종

들은 꼬리의 움직임이 거의 보이지 않게 짧게 자르는데 이러면 꼬리로 하는 감정 표현을 상대에게 전달하기 어렵습니다.

　의뢰인의 강아지 맥스는 잭러셀테리어Jack Russel Terrier, **작은 몸집의 날렵한 사냥견**였습니다. 어릴 때 단미해서 꼬리는 엄지손가락 길이 정도만 남아 있었지요. 맥스가 불안한 마음에 꼬리를 흔드는 것을 의뢰인은 즐거워서 꼬리를 흔드는 것으로 오해한 것 같았습니다. 강아지들은 기분이 좋을 때에만 꼬리를 흔드는 것이 아닙니다. 다른 감정일 수도 있습니다. 꼬리를 흔들 때는 다른 행동과 연계해서 보는 것이 중요합니다. 꼬리의 위치, 움직임, 흔드는 간격, 긴장 정도 등도 중요하지만 제일 중요한 것은 다른 몸짓과의 관련성을 자세히 살피는 일입니다. 꼬리는 강아지의 심장과 같습니다. 무의식적으로 감정을 표현하는 도구입니다. 우리의 웃음과 눈물이 항상 같은 이유가 아니듯 똑같아 보이는 반려견의 행동 안에도 다양한 감정이 숨어 있습니다. 한편, 반려견들은 우리와 같은 감정을 느끼더라도 표현하는 방식이 다르기 때문에 알아차리기 힘들 때도 있습니다.

반려견을 사랑한다면 그들의 작은 행동에도 관심을 보여주기 바랍니다. 그들은 항상 표현하며 우리가 이해할 때까지 설명하려 합니다. 맥스 또한 아이들에게 그만하라고 말하고 있었던 것입니다.

마킹,
제대로 이해하기

우리는 반려견의 모든 행동을
서열과 연관 지으려 합니다.
강아지들은 그렇게 단순한 존재가 아닙니다.

사람들은 강아지가 집 이곳저곳에다 소변을 보면 자신의 영역을 표시한다고 생각합니다. 어떤 글에서는 이런 행동이 서열을 무시하는 행동이며 잘못된 것이라 설명하기도 합니다. 또 어떤 분들은 강아지가 실수한 곳에 끌고 가서 여러 가지 명령을 내림으로써 강아지에게 마치 '여기는 내 구역이야!'라는 듯이 세뇌를 시키기도 합니다. 이런 분들은 산책을 다니면서도 강아지가 냄새를 맡거나 소변을 보는 것에 당황하며 줄을 당기거나 '안 돼!'라고 강하게 지적하기도 합니다. 그렇다면 정말 반려견의 이런 행동이 영역 표시이고 보호자를 무시하는 행동일까요?

사람도 이곳저곳을 여행하다 머물렀던 곳에 흔적을 남기려고 이름을 쓰거나 날짜를 적어둡니다. 유명한 장소에 갔을 때는 사랑하는 연인의 이름을 적어놓기도 하고, 사진을 찍어 기록하기도 합니다. 이런 흔적을 우리는 마킹marking이라고 합니다. 사람들은 소중한 곳에 기록을 남기기 위해, 특별하고 중요한 것을 표시하기 위해 마킹을 합니다. 이런 마킹이 반드시 '영역 표시'만을 의미하지는 않습니다. 반려견이 하는 마킹의 의미는 사람과 매우 흡사합니다. 중요하다거나 기억하고 싶다는 표현입니다. 물론 반려견의 마킹이 우리와 다른 점도 있습니다. 그건 바로 스트레스를 표현하는 반응이라는 것입니다.

외출만 하면 이곳저곳의 냄새를 맡고 끊임없이 마킹을 하려는 반려견들이 있습니다. 풀을 뜯어먹거나, 땅을 정신없이 파거나, 지나칠 정도로 마킹에 집착하는 반려견도 있습니다. 이런 반려견들은 대부분 바르지 못한 환경과 관리 속에서 자란 경우가 많습니다. 그리고 집 안에서 이런 행동을 하지 못하게 하면 반려견은 자신의 발을 핥거나 물어뜯는 행동을 하기도 합니다. 모두 스트레스 반응입니다. 산책을 하지 못해 운동량이 부족하거나, 어떤 원인 때문에 심리적으로 억압되어 있을 때 나타나는 행동입니다. 그런데 강아지들의 이런 행동에 무턱대고 화를 내거나 혼을 내서 교육하려는 사람들이 있습니다. 그들의 반려견은 지금 자신의 상태가 정상이 아니라고 말하는 중인데 말입니다. 우리는 반려견의 모든 행동을 서열과 연관 지으려 합니다. 정말 참 쉽습니다. 잘 모르겠으면 다 서열이 잘못됐다고 말합니다. 그리고 반려견을 혼냅니다. 강아지들은 그렇게 단순한 존재가 아닙니다. 서열만 인식시킨다고 해서 모든 문제가 해결되지는 않습니다.

이제부터 산책을 할 때 강아지에게 충분히 냄새를 맡고 소변을 보게 해주는 건 어떨까요? 가끔은 반려견이 가고 싶어 하거나 냄새 맡고 싶은 길을 가주는 건 어떨까요? 반려견이 보호자의 앞에서 걷는다고 해서 제지하기보다는 반려견이 뒤를 돌아볼 수 있도록 기다려주는 것은 어떨까요?

당신의 반려견이
공격적이라면

지금 당신의 반려견이
당신과 가족을 향해 이빨을 보이고 있다면,
무섭고 힘들다고 비명을 지르는 겁니다.

"꼭 복수하는 것 같아요. 왜 자기를 혼자 두고 외출했느냐 따지는 것 같습니다. 저를 만만하게 보는지 으르렁거리거나 산책이라도 데리고 나가면 저를 끌고 다니기 바쁩니다. 이렇게 말을 안 들을 때면 너무 얄미워서 이마를 콩 쥐어박고 싶어요."

"이런 게 서열인가요? 지금 이 녀석이 나를 무시하는 걸까요? 반려견을 이해하면서 긍정적으로 가르치고 싶지만, 어떻게 해야 할지 모르겠어요. 어떤 사람들은 이런 행동은 긍정적인 방법으로는 못 고친다고 말하더라고요. 책도 많이 봤고, 칭찬도 많이 했는데 뭐 되는 게 없어요. 그래서 이곳저곳 훈련소에서 상담을 받아봤는데, 이런 성향의 반려견은 칭찬하는 방법으로는 훈련이 안 되고 강한 복종훈련을 해야 한다고 하네요. 칭찬만으로 교육할 수 없고 처벌을 할 때는 해야 한다고 하는데 도대체 어떤 게 맞는 건가요? 왜 이렇게 말들이 다 다를까요?"

반려견을 교육하면서 많은 분에게 이런 질문을 받습니다.

"처벌도 교육 방법 중 하나가 아닌가요?"
"물어뜯을 것 같이 사람에게 달려드는 로트와일러를 어떻게 칭찬만 가지고 교육할 수 있죠?"
"강 훈련사! 당신 우리 말리노이즈**Malinois, 벨지안 셰퍼드도그의 한 종류**가 공만 보면 흥분해서 미치는데 이거 초크체인 안 쓰고 얌전하게 만들 수 있어?"

반려견의 행동을 수정할 때, 그들의 감정과 그 감정에 따른 호르몬 분비에 대한 충분한 지식이 있어야 합니다. 반려견이 흥분 상태일 때 그들의 몸속에서는 많은 호르몬이 분비됩니다. 흥분호르몬인 노르아드레날린noradrenalin은 분비된 지 15분 만에 최고조에 도달하고 7일이 지나야 안정 상태가 되며, 스트레스를 받게 되면 분비되는 호르몬인 코르티솔cortisol은 반려견의 혈액 속에 무려 40일 동안 남아 있습니다. 흥분은 심장박동수를 증가시키고 심장박동수가 증가하면 호르몬의 분비가 촉진됩니다.

흥분은 곧 스트레스입니다. 건강하고 즐거운 흥분과 호르몬 과다 분비에 의한 흥분은 다릅니다. 호르몬이 과다 분비될 경우 마약에 취한 상태와 유사합니다. 다른 동물을 보고 흥분하고, 사람들을 보고 흥분하고, 작은 소리에도 흥분하고, 공과 원반 등에 흥분하고…. 이렇게 심한 흥분은 반려견들에게 독과 같습니다. 이런 상황에서 화를 내는 것이 교육일까요?

생각해봅시다. 벨소리를 듣고 짖는 반려견에게 어떤 이는 소리를 지르고 신문지로 위협해서 짖는 행동을 멈추게 하려고 합니다. 강아지 입장에서는 보호자의 모습이 교육적으로 보이기보다 화가 난 사람처럼 보일 것입니다. '앉아'하고

명령을 내린 뒤 돌아섰더니 반려견이 움직였습니다. 교육이
되나 싶어서 보호자는 다시 '앉아'하고 명령을 내렸지만 강아
지는 낑낑 소리만 낼 뿐 미동도 하지 않습니다. 보호자는 약이
오르기 시작합니다.

"이게 내 말을 뭘로 알고! 말 안 들을 거야?"

이런 감정은 결코 교육적이지 않습니다. '가는 말이 고와
야 오는 말이 곱다'라는 말은 여기서도 통합니다. 부정적으로
명령을 하면 받아들이는 강아지 입장에서도 부정적이 될 수밖
에 없습니다. 달리는 말을 멈추게 하려고 고삐를 세게 당긴다
면 말은 멈추겠지만 그 말은 당신을 태우는 것이 그다지 기쁘
지 않을 것입니다. 사람들에게 달려들 듯이 덤비는 강아지의
마음은 일종의 방어기제가 작동한 상태입니다. 공격적인 행
동의 바탕이 되는 감정은 두려움과 공포입니다. 무섭게 달려
들 것 같은 로트와일러의 행동을 수정하고 싶고 교육하고 싶
다면 그 개가 왜 이런 행동을 하게 됐는지 살펴봐야 할 것입니
다. 단지 초크체인으로 목을 조르고 숨을 못 쉬게 한다고 해서
강아지가 스스로 흥분한 이유를 알려주지는 않을 것입니다.

공만 보면 흥분하는 말리노이즈라면 마음이 안정적으로 돌아오기 전까지 공과 같은 자극 요소를 가까이 해서는 안 됩니다. 이런 반려견한테 공은 술과도 같습니다. 술을 좋아하는 사람이 있습니다. 술을 마시면 주사도 심하고 폭력적인 행동도 합니다. 우리가 이런 사람을 도와주려면 어떻게 해야 할까요? 술을 먹고 취하되 주사를 부리지 못하도록 그런 행동을 할 때마다 화를 내고 무섭게 소리치고 때려야 그 사람이 치유될까요? 우리는 그 사람이 술을 끊을 수 있게 도와줘야 합니다. 술을 마시지 않게 하는 것이 그 사람을 살리는 길입니다. 우리는 강아지를 그토록 애지중지하면서도 강아지의 상태를 잘 이해하지 못하는 경우가 많습니다. 얼마만큼 흥분했는지, 어떤 기분인지 모르면서 무조건 공을 던져주면 강아지와 놀아주는 것이라 생각하는 분도 많습니다.

반려견의 공격성은 우리가 그들의 행동에 주의를 기울이지 않은 결과입니다. 그들은 이전에 충분히 표현했는데 우리가 그런 신호를 무시하고 방치했기 때문에 그들이 공격적으로 변한 것입니다. 사람이 강아지를 공격적으로 변하게 해놓고 강아지가 공격적이라고 해서 더욱 엄하게 교육하는 일은 굉장히 위험합니다. 엄한 아버지 밑에서 말 한마디 제대로 못하고 자란 아이들을 더 엄하게 몰아세우는 것과도 같습니다. 강아지가 공격적으로 행동할 때에는 더욱 더 처벌하면 안 됩니다.

지금 당신의 반려견이 당신과 가족을 향해 이빨을 보이고 있다면 무섭고, 힘들다고 비명을 지르고 있는 겁니다. 부디 스스로 해결하려 하지 말고 전문가와 상담하기를 바랍니다. 또, 공격적인 반려견을 강력한 처벌로 교육하는 분은 비명 지르는 강아지 입을 손으로 틀어막고 있다는 사실을 알아야 합니다.

훈련보다
심리적 안정이
우선입니다

혼나지 않아도, 혼내지 않아도 됩니다.
강아지는 작은 몸짓 하나로도
우리의 생각을 읽을 수 있습니다.

우리가 평상시 아무렇지 않게 하는 몸짓 하나가 강아지를 편안하게 만들기도 하지만 더욱 불안하게 만들기도 합니다. 5개월 전에 한 가족을 만났습니다. 예기치 않게 공격적인 행동을 하는 코커스패니얼 때문에 손에 피멍이 들고 병원에 간 적이 한두 번이 아니라고 했습니다. 제가 처음 방문했을 때도 굉장히 심하게 짖었으며 제 가슴까지 점프를 해댔습니다. 이 강아지의 이상행동은 심하게 짖는 것과 먹이를 보면 정신없이 달려드는 것 그리고 무언가를 먹을 때 누가 옆에 있기만 해도 공격적으로 행동하는 것이었습니다. 단순히 으르렁거리거나 이빨을 드러내는 정도가 아니라 물고 잡아당기거나 좌우로 흔드는 정도의 심한 공격적인 행동을 보였습니다. 또 산책을 나가면 그렇게 좋아하는 먹이도 전혀 입에 대지 않고 의뢰인을 끌고 앞으로만 달려간다고 했습니다.

저는 강아지의 주변 환경에 대해서 몇 가지 질문을 더 했습니다. 그리고 의뢰인의 남편과 이야기를 나누었습니다. 역시 강아지의 이상행동에 대한 답은 주변 환경에 있더군요. 의뢰인의 남편은 강아지가 아내를 공격할 때마다 심하게 혼을 냈다고 합니다. 한번은 '버릇을 고쳐놔야겠다'는 생각으로 신문지를 돌돌 말아 몇 대 때리기도 했답니다. 버럭 소리를 지르면서 말이지요. 그래서인지 강아지는 의뢰인의 남편을 피해 의뢰인만 따라다녔고, 의뢰인이 화장실에 가기라도 하면 줄곧 바깥에서 기다리면서 낑낑댔습니다.

이윽고 교육이 시작되자 저도 심하게 물렸습니다. 먹이를 보고 흥분한 강아지가 의뢰인의 남편이 의자를 빼서 앉는 소리에 놀라 가까이 있던 저를 물었던 것입니다. 의뢰인이 저를 걱정할 정도로 강아지는 사납게 달려들었습니다. 첫날 교육은 그렇게 끝났습니다. 화가 난 의뢰인의 남편을 본 강아지가 무서워하며 방으로 도망쳐버렸기 때문입니다.

그 후 교육을 몇 번 더 진행했습니다. 강아지는 점차 안정을 찾는 것 같았지만 공격적인 성향은 쉽사리 바뀌지 않았습니다. 교육을 더 해주고 싶었지만 제가 외국에서 훈련 세미나가 있어서 몇 주간 자리를 비워야만 했습니다. 아쉬운 대로 의뢰인과 남편에게 아래와 같이 몇 가지 팁을 주면서 꼭 지켜달라고 부탁했습니다.

1) 어떤 일이 있어도 소리 지르지 말 것.
2) 똑바로 쳐다보면서 겁을 주는 행동을 멈출 것.
3) 집 안에서 천천히 움직일 것.
4) 자고 있는 강아지의 옆을 지나갈 때는 먼저 이름을 불러서 강아지를 깨운 다음에 돌아서 지나갈 것.
5) 밥을 먹을 때에는 가까이 있지 말고 편안히 먹을 수 있도록 구석에서 먹게 해줄 것.
6) 자율급식으로 바꾸려고 노력할 것.
7) 앉았다가 일어나거나 의자에서 일어날 때 손바닥을 보

여주고 천천히 움직일 것.

해외 연수가 끝나자마자 다시 의뢰인의 집을 찾아갔습니다. 강아지가 어떻게 변했을지 정말 궁금했습니다. 현관문을 열고 들어가 섰을 때 깜짝 놀랐습니다. 그렇게 공격적이던 녀석이 꼬리를 흔들고 의뢰인 옆에서 웃으면서 누구냐고 물어보고 있었습니다. 제가 시간을 충분히 두고 천천히 들어가니 제 품으로 파고들기까지 했습니다. 이외에도 몇 가지가 더 있었습니다. 의뢰인이 보이지 않을 때에도 떨지 않게 되었고 이빨을 보이는 일도 눈에 띄게 줄었으며, 그렇게 무서워하던 의뢰인의 남편에게도 먼저 다가가게 되었습니다. 물론 여전히 먹이 앞에서 긴장하지만 그래도 많이 좋아졌다는 말을 들었습니다. 딱 3개월 만이었습니다. 사실 해외 연수를 갔을 때에도 이 강아지의 사례에 대해서 많은 자문을 구했습니다. 여러 훈련사도 표현은 달랐지만 하나같이 입을 모아서 하는 말이 바로 '강아지의 심리적인 안정이 우선이다.'였습니다. 강아지를 억압하면서 복종시키는 훈련 방법은 이제 구식입니다. 강아지에게도 결코 긍정적이지 않습니다.

혼나지 않고, 혼내지 않아도 강아지는 작은 몸짓 하나로도 우리의 생각을 읽을 수 있습니다. 사소한 몸짓이라도 강아지를 배려한다면 강아지는 반드시 긍정적으로 반응하게 될 것입니다. 지금 당신의 반려견이 불안해하고 있다면, 스스로의 행동을 살펴봐주시기 바랍니다.

반려견의 공격성을
누그러뜨리고 싶다면

"공격성이 심한 것 같아 다른 곳으로 입양 보내려고 합니다. 키우는 동안 잘해보려고 했으나 강아지는 점점 저를 골탕 먹이려는 것 같았어요. 저도 스트레스 받으면서까지 강아지를 키우고 싶지 않습니다."

한 의뢰인에게서 받은 문자메시지입니다. 제 입장에서는 가장 슬픈 내용의 문자메시지입니다. 이럴 때마다 답답함을 느낍니다. 반려견은 당신을 골탕 먹이려고 하는 게 아니라고 아무리 이야기해도 믿지 않으니 말입니다. 강아지가 조금만 실수하면 자신을 무시한다고 생각하니 어떻게 해도 강아지와의 관계가 좋아지지 않았습니다. 이런 분들의 공통점은 즉시 행동수정이 될 수 있는 슈퍼 솔루션을 찾는다는 것인데, 그 많은 강아지를 모두 보호자의 입맛에 맞게 고치는 방법은 있을 수도 없고 있어서도 안 됩니다.

슈퍼 솔루션은 없지만 몇 가지 효과적인 방법은 있습니다. 강아지에게 스트레스를 최대한 주지 않으면서 공격적인 성향을 완화할 수 있는 방법을 알려드리겠습니다. 강아지가 공격적인 성향을 드러내면 너무나 화가 나서 혼내고 싶은 생각이 굴뚝같을 때가 있습니다. 이해합니다. 그런데 강아지와 더 행복한 삶을 살아가고 싶다면 부디 혼내기 전에 이 방법을 써보십시오. 반려견의 행동을 파악하고 접근하는 방법에는 여러 가지가 있습니다. 그중에 긴장하거나 두려움이 많은 반려견을 대하는 방법을 간략하게 소개하려 합니다. 기본적인 원리는 반려견이 가지고 있는 문제해결 능력을 응용한 것으로 경험과 관찰 데이터가 부족한 일반 반려인들에게 도움이 될 것입니다. 특히 공격적인 성향을 보이는 반려견을 대할 때나 유기견을 구조하기 위해서 접근할 때 유용할 것입니다.

1단계 : 강아지를 만나면 등을 돌립니다. 이때 소리를 내지 않습니다.

2단계 : 강아지의 정면이 아닌 다른 곳을 보고 딴청을 피웁니다. 하품을 하거나 눈을 천천히 감는 것이 좋습니다.

3단계 : 천천히 자리에 앉고, 졸린 듯 눈을 깜박입니다. 이때 강아지를 쳐다보거나 강아지가 반응한다고 해서 동요하지 말고 침착하게 행동합니다.

4단계 : 무게중심이 흔들리지 않게 유지하려 노력합니다. 강아지에게 공격할 의사가 없다는 것을 표시하는 행동입니다. 가능한 한 천천히 움직입니다.

이때 모든 동작은 2초 이상 간격을 두고 합니다.

이렇게 순차적으로 천천히 강아지에게 우리를 인식할 수 있는 시간을 주고, 궁금증을 유발합니다. 그러면 강아지가 오히려 먼저 다가올 수도 있습니다.

강아지가 많이 짖나요? 그래도 이렇게 해주세요.

강아지와 친해지고 싶나요? 더욱 천천히 해주세요.

그리고 나서 강아지의 이름을 다정하게 한 번 불러주세요.

두 손을 강아지의 가슴 높이 정도로 내려놓고, 강아지가 다가와 제 몸을 내 손에 기댈 수 있게 가만히 있어주세요. 만지려고 하지 말고 가만히 있어주세요. 강아지가 내 손에 몸을 기댄다면 천천히 마사지하듯이 부드럽게 쓰다듬어주세요. 만약 강아지가 흥분한다면 손을 그대로 유지한 채 앞의 동작을 천천히 다시 해주세요. 어렵나요? 단순한 동작이라 그리 어렵지 않습니다. 어렵게 느껴지더라도 조금만 더 기다려주세요. 잘 안되나요? 괜찮습니다. 다시 해보면 되지요. 한숨 한 번 깊게 쉬고 천천히 다시 시도해보세요. 괜찮습니다. 당신이 강아지에게 이런 배려를 한다면 강아지는 당신을 훨씬 더 좋아하게 될 것입니다. 당신에게 감동하고 감사할 것입니다. 변화는 가랑비에 옷 젖듯이 천천히 다가옵니다.

대형견에 대한
잘못된 편견

주변의 시선을 바꿀 수는 없지만
자신의 강아지를 믿는 일은
얼마든지 할 수 있습니다.

상담을 하면서 여러 의뢰인과 이야기를 하다보면 체구가 큰
대형견을 특별하게 생각하고 있다는 느낌을 많이 받습니다.

"얘가 대형견이라서 나중에 많이 클 텐데 교육을 단단히 시켜
놓아야 할 것 같아요."
"지금도 이렇게 짖는데 나중에 더 사나워지는 건 아니겠죠?"

어떤 의뢰인은 아직 아무것도 모르는 새끼 풍산개가 장난으로 깨무는 것을 벌써부터 걱정합니다. 나중에 사나워지면 어떻게 하냐는 것입니다. 그러면서 사람한테 복종하는 것을 가르쳐야 한다고, 꼭 화가 난 사람처럼 강하게 몰아붙입니다.

"앉아! 엎드려! 쓰으~ 말 안 들어?"
"훈련사님, 지금 제가 주둥이를 잡았는데 싫다고 하는 건 저를 무시하는 거 맞죠?"

소형견을 기르는 분들 또한 대형견을 지나치게 경계합니다. 자신의 소형견이 대형견에게 혹시 해코지라도 당하면 어쩌나 하고 미리 걱정하는 것이지요. 예를 들어 제가 키우는 다올이와 첼시는 보더콜리와 웰시코기 종으로 몰티즈와 같은 소형견보다는 큰 축에 속합니다. 이 아이들을 데리고 산책을 하다보면 작은 푸들과 같은 소형견을 데리고 산책하는 분들과 자주 마주칩니다. 그럴 때면 멀리서부터 귀신이라도 본 듯 소스라치게 놀라며 자신의 반려견을 안고 어디론가 피해버리는 분들이 있습니다.

"무슨 아파트 단지에서 저렇게 큰 개를 키워?"라면서 말이지요. 보통 이런 경우 다올이와 첼시는 가만히 있고 상대편 소형견들이 더 짖어대는데도 말이지요. 얼마 전 울산의 한 반려견공원에서 세미나를 하는데, 장소를 보니 넓은 테라스를 중심으로 하면 좋을 것 같아서 그 주변으로 스피커를 설치하고 열심히 강의를 했습니다. 강의하면서 보니 그곳은 소형견들이 노는 장소였습니다. 한참을 강의하고 질문을 받다가 잘 끝내고 돌아왔는데 그 뒤에 한 커뮤니티에 이런 글이 올라왔습니다.

> "이번 세미나에 참가했는데, 강사가 너무 소형견들만 챙겨주더라. 한국은 소형견 위주로 반려견 문화가 돌아가고 있는 것 같다."

이 게시물을 보면서 대형견을 키우는 분들이 얼마나 많은 피해의식을 갖고 있는지 알 수 있었습니다. 대형견을 키우는 많은 분이 힘들어하는 이유 중 하나가 바로 주변의 '시선'일 것입니다. 사실 주변에 소형견을 키우는 분이 많다보니 혹시나 자신의 강아지가 주변의 작은 개에게 피해를 주진 않을까 걱정하거나, 반대로 이웃들이 자신의 강아지가 대형견에게 피해를 볼까봐 걱정하는 시선을 많이 느낄 것입니다. 그러다가 자신의 대형견이 이상행동이라도 하게 되면 더욱 더 위축되겠지요.

예전에 보르조이 **borzoi, 러시아산 대형견**를 기르는 의뢰인이 있었습니다. 방문 훈련을 하면서 산책을 함께 나갔는데 산책을 준비하던 의뢰인이 불안한 표정을 짓기에 제가 물었습니다.

"괜찮으세요? 어디 불편하신 거라도….."
"사실 너무 무서워요. '코비'가 또 사람들을 향해 짖으면 어떻게 하죠? 앞집 아저씨가 자기한테 또 짖으면 신고하겠다고 했거든요."

의뢰인은 산책을 나가기 전부터 불안해했고 보르조이 코비는 의뢰인이 챙긴 배변 봉투를 보고는 벌써부터 흥분하고 있었습니다. 의뢰인은 지금까지 코비와 산책하면서 동네사람들한테 이런저런 안 좋은 말을 정말 많이 들었다고 했습니다. 어떤 사람들은 창밖으로 고개를 내밀어 심한 욕을 하기도 했고, 아저씨나 아줌마들은 마음에 상처가 될 만한 이야기들을 툭툭 내뱉고 가기도 했답니다. 산책을 리드해야 하는 의뢰인이 산책을 나가기 전부터 불안해하니 코비도 산책의 진정한 즐거움을 느낄 수 없었을 것입니다. 그저 밖에 나간다는 생각으로 흥분하는 것 외에는 말이지요. 우리가 걱정하거나 스트레스를 받을 때 코르티솔이라는 호르몬이 분비됩니다. 우리가 받는 스트레스를 중화시키는 역할을 하지요. 그런데 강아지들은 이런 호르몬의 냄새를 우리보다 200만 배 더 잘 맡습니다. 우리가 걱정하고 스트레스를 받고 있다는 사실을 숨길 수가 없는 것이지요. 이렇게 반려견들은 보호자가 걱정하는 것을 염려합니다. 그러면 마음이 안정된 상태에서 산책을 즐길 수가 없습니다.

대형견이라고 해서 미리부터 걱정할 필요는 없습니다. 강아지의 공격성은 몸집 크기에 따라 나오는 것이 아니고 어떻게 교육하느냐에 따라 달라지는 것입니다. 주변의 시선이야 쉽게 바꿀 수 없지만 자신의 강아지를 믿는 일은 얼마든지 할 수 있습니다. 이런 믿음이 강아지를 더욱 안정시키고 안전하게 산책하는 데 도움을 줍니다. 신뢰는 어떤 시선도 이길 수 있는 무기입니다.

반려견을 망치는
몇 가지 방법

제발 왕으로 대접하지 말고,
가족으로 대접해주세요.

새삼스럽지만 주변 사람들이 내게 반려견을 긍정적으로 교육하는 방법과 자세에 대해서 물어오면 그렇게 뿌듯할 수가 없습니다. 또 오랜 시간 지배와 복종 방식으로 훈련을 해왔던 훈련사분들이 어떻게 하면 교육하는 방법과 스타일을 바꿀 수 있느냐는 쪽지를 보내올 때면 제가 가지고 있는 생각과 방법이 반려견을 키우는 보호자들과 반려견에게 긍정적인 변화를 줄 수 있을 것 같아 보람도 느낍니다. 더 많은 사람과 반려견이 행복해질 때까지 저는 제가 할 수 있는 노력을 다하려고 합니다.

　　지배와 복종 중심으로 훈련하는 방식의 대명사는 초크체인입니다. 간혹 훈련사들 중에 반려견의 공격성을 누그러뜨리고 훈련의 효과를 증진시킨다는 이유로 초크체인을 사용하는 분이 있습니다. 결론부터 말씀드리자면, 초크체인을 사용해 교육하면 안 됩니다. 재고할 가치도 없는 이야기입니다. 반려견의 공격성은 두려움 때문에 나타날 때가 많습니다. 그런 강아지의 공격성을 줄인다고 초크체인으로 강하게 압박할 경우, 당장은 효과가 있는 것처럼 보일 수 있지만 오히려 사태는 악화됩니다. 잠재되어 있던 공격성이 두려움으로 말미암아 다른 곳에서 발현되기 때문입니다. 또 강아지들이 공격성을 드러낼 때 스트레스 호르몬인 코르티솔이 과다 분비되는 경우가 많다는 연구 결과가 있습니다. 훈련사가 강아지에게 압박을 가하면 스트레스를 받을 수밖에 없고 당연히 코르티솔의 분비가 늘어납니다. 그러면 또다시 공격적인 성향이 나오게 되지요. 악순환입니다.

　　초크체인을 사용하지 않더라도 강아지의 공격성을 악화

시키는 요소가 있습니다. 바로 강압적인 태도입니다. 의도했든 안 했든 많은 훈련사와 보호자들이 강아지가 스트레스를 받을 만한 행동을 합니다. 귀엽다고 정면으로 달려가서 반려견을 끌어안는 행동 등이 그렇지요. 또 강한 어조의 명령과 반려견을 깜짝 놀라게 하는 동작을 자주 보여주는 것도 마찬가지입니다. 이런 행동은 반려견에게 초크체인을 사용하는 것과 같은 악영향을 미칩니다.

"나는 절대로 강압적인 행동을 하지 않아요. 제가 얼마나 강아지를 사랑하는데요. 다만 말을 안 들을 때에는 따끔하게 혼을 내는 편이지요. 강아지를 위해서입니다."

절대 강아지를 위한 행동이 아닙니다. 강압적이고 놀라게 하는 행동은 반려견들의 방어기제를 발동시킵니다. 일종의 전투태세를 갖추게 하는 거지요. 전투는 일상적인 것이 아닙니다. 강아지 입장에서는 스트레스를 받을 수밖에 없습니다.

예전에 한 산책 모임에 갔을 때 일입니다. 일찍 도착해 아내와 함께 커피를 마시며 사람들을 기다리고 있었습니다. 멀리서 눈에 익은 차 한 대가 들어와서 주차하기에 모임에 참

석하는 분이구나 생각하고 지켜보고 있었습니다. 그분은 차에서 보호자를 따라 내리려는 반려견에게 기다리라고 짜증 섞인 어조로 소리쳤습니다. 간신히 차에서 내린 반려견은 자신의 본능대로 바닥의 냄새를 맡고 싶어 했습니다. 그분은 무슨 일인지 냄새를 맡고 싶어 하는 반려견의 목줄을 심하게 잡아당기며 안 된다고 또다시 큰소리로 화를 냈습니다. 반려견은 그분을 피했고 더욱 움츠러들었습니다. 그럴수록 그분은 더 세게 줄을 잡아당겼습니다. 이런 보호자와 반려견의 관계가 정상적일 수 있을까요? 반려견은 보호자 가까이에 있고 싶지 않아 했습니다. 산책 모임을 마치고 그분은 제게 와서 이렇게 말하였습니다.

"훈련사님, 도저히 통제가 안 돼요. 계속 당기고 미치겠어요. 왜 그럴까요? 계속 칭찬하고 목줄도 압박이 덜한 하네스로 바꿨는데도 안 된다고요!"

저는 차근차근 오늘 차에서부터 이곳에 오기까지 어떻게 반려견을 대했는지 제가 지켜본 그대로 설명했습니다. 그러자 옆에 있던 그분의 아내도 그분이 평소에도 화를 자주 내는 편이라고 제 말을 거들었습니다. 이렇게 초크체인을 사용하지 않는다고 해서 모두 긍정적인 훈련인 것은 아닙니다. 아무리 클리커clicker, 특정한 소리를 내는 강아지 교육 기구를 똑딱거린다고 해서 반려견이 갑자기 기뻐하지는 않습니다. 당신의 반려견이 말을 듣지 않는다면 도구의 문제가 아닙니다. 당신과 가족이 반려견을 대하는 태도에 문제가 있을 것입니다.

다른 의뢰인의 이야기입니다. 그 의뢰인은 강아지를 왕으로 대접하며 키우는데 뭐가 문제냐고 했습니다. 간식도 건조기까지 사서 만들어주고, 집도 사주고, 저녁마다 산책 데리고 나가고…. 자신이 생각할 때에는 이 집에서 강아지만 한 왕이 따로 없다고 말했습니다. 그 의뢰인이 말하는 강아지의 문제는 버릇이 없다는 것이었습니다. 아무 데나 소변을 보거나 의뢰인을 공격적으로 대한다는 것입니다. 한마디로 왕으로 모셨더니 기고만장해서 그렇다는 것입니다. 저는 문제의 원인을 더 찾아보려고 이야기를 이어갔습니다. 들어보니 답이 나왔습니다. 의뢰인의 가족 중에 그 강아지를 싫어하는 분이 있는데, 의뢰인이 강아지를 왕으로 떠받들어 모시니 잦은 의견 충돌이 생겼고 그걸 바라보던 강아지는 스트레스를 받을 수밖에 없었던 것입니다.

지금까지 소개한 상황 모두 강아지에게 긍정적인 효과를 줄 수 없습니다. 부탁드립니다. 제발 왕으로 대접하지 말고, 가족으로 대접해주세요. 초크체인을 사용하지 마세요. 강아지에게 귀엽다고 달려들거나 더디게 훈련된다고 재촉하지 마세요. 그것은 우리가 강아지를 망치는 몇 가지 방법이니까요.

분리불안에 대해
얼마나 아시나요?

억지로 혼자 놔둔다고 해서
강아지가 스스로
혼자 있는 법을 터득하진 않습니다.

어릴 때 이야기입니다. 잠에서 깨어났는데 주위에 아무도 없었습니다. 잠들기 전까지만 해도 옆에 있던 엄마가 보이지 않았습니다. 그때 저는 자주 울었습니다. 가슴이 무거워지고 눈앞에 보이는 모든 것이 불안하게만 보였습니다. 아마도 저는 어릴 적 부모님과 떨어지는 것이 무서웠나 봅니다. 아직도 그때의 두려움이 생생하게 느껴집니다. 이유는 모르겠습니다. 이런 감정을 공감하는 분도 계시지만 전혀 공감하지 못하는

분도 계시다는 것을 알고 있습니다. 그리고 저는 지금 그 감정
을 반려견에게서 느낄 수 있습니다.

보호자가 눈앞에서 사라지면 하늘이 무너지는 것 같은
감정을 느끼는 강아지들이 있습니다. 제가 어렸을 적 느꼈던
그런 감정 상태가 되는 것이지요. 반려견이 보호자와 분리되
었을 때 불안정적인 심리 상태가 되는 것을 우리는 '분리불
안Separation Anxiety'이라고 합니다. 이런 감정 상태는 부모와 함
께 생활하는 모든 동물에게서 나타나는 것으로, 성장하면서
자연스럽게 생길 수 있습니다. 문제는 이런 증세를 보이는 강
도와 기간입니다. 이제 네 살 된 어린 꼬마가 엄마와 떨어져
혼자 있는 것이 두려운 것은 자연스러운 일입니다. 하지만 서
른 살이 된 어른이 부모와 잠깐 떨어지는 것을 불안해한다면
모두 걱정할 것입니다. 장기간 이런 상태가 지속된다면 문제
가 심각한 거지요.

반려견들 중에서도 성견이 되었는데, 보호자와 떨어지는
것을 매우 불안해하는 강아지들이 있습니다. 거실에 있다가
도 보호자가 방에만 들어가면 문 앞에서 흐느끼며 우는 강아
지도 있습니다. 잠깐 음식물 쓰레기를 버리러 가기도 힘들 정

도로 한시도 보호자와 떨어지려 하지 않는 강아지도 많이 있습니다. 반려견이 분리되었을 때 하는 행동들을 정리해보면 다음과 같습니다.

1) 짖는 행동

2) 물건을 부수는 행동

3) 배변을 실수하는 행동

4) 숨는 행동

5) 발톱을 물어뜯거나 몸을 심하게 긁는 등의 자해 행동

6) 흐느끼는 행동

7) 대소변을 먹는 행동

8) 대소변을 몸에 묻히는 행동

9) 땅을 파는 행동

10) 공격적인 행동

11) 무기력한 행동

위에 나열한 것처럼 반려견이 보호자와 분리되었을 때 하는 행동은 반려견에 따라 그리고 증상에 따라 다양합니다. 하지만 우리는 반려견이 우리 생활에 방해되는 행동을 할 때에만 이상행동이라고 받아들입니다. 반려견의 처지에서 생각

하는 것이 아니라 우리 편의만 생각하는 것이지요. 반려견에게 나타나는 모든 이상행동의 원인은 보호자와 관련이 있을 가능성이 높습니다. 우리의 반려견을 한 번 더 살피고 보듬어 주려는 노력이 필요합니다.

반려견의 분리불안은 미성숙한 감정을 드러내는 증상입니다. 억지로 혼자 놔두고 가둔다고 해서 강아지가 스스로 혼자 있는 법을 터득하진 못 합니다. 단지 외로움에 익숙해질 뿐입니다. 그래서 보호자는 강아지에게 항상 돌아올 거라는 믿음과 지켜줄 거라는 확신을 심어줘야 합니다. 그리고 가장 기본적인 반려견의 본능과 욕구를 존중해야 합니다. 우리에게 먹고 자는 일만큼이나 반려견들에게는 중요한 일이니까요. 우리가 꼭 알아두어야 할 반려견의 본능은 다음과 같습니다.

1) 걷고 싶어 하는 본능
2) 냄새 맡으려는 본능
3) 마킹하려는 본능
4) 친구를 사귀려는 본능
5) 실외에서 소변을 보고 싶어 하는 본능
6) 가족과 같이 있고 싶어 하는 본능

그들의 생태와 본능을 존중하면 강아지의 자존감은 높아집니다. 강한 자존감은 외부 자극으로부터 저항할 수 있는 힘이 될 것입니다. 만약 당신의 반려견이 분리불안 증세를 보이거나 이상행동을 한다면 다음과 같은 사항을 꼭 체크해봐야 합니다.

먼저, 현재 안정적인 생활을 하고 있는지 살펴봐야 합니다. 이 부분은 보호자 스스로 생각해봐야겠지요? 먹이는 강아지가 원하는 대로 먹고 있는지, 산책은 자주 하고 있는지, 보호자 가족 간의 유대관계는 어떤지, 반려견이 생활하는 환경과 관련된 모든 사항을 다시 한 번 체크해보시기 바랍니다.

둘째, 예기치 못하게 잠시 동안 떨어져 지낸 적이 있는지 살펴보는 것도 중요합니다. 특히나 유기되었던 경험은 반려견에게 큰 충격 중 하나입니다. 그래서인지 대부분의 유기견들은 새 가족을 만나고 난 뒤 보호자와 떨어지기를 두려워합니다. 또 보호자의 실수나 반려견의 갑작스러운 행동으로 일정 기간 헤어진 적이 있었는지, 이사를 가거나 여행 등으로 잠시 떨어져 있었던 경험이 있는지도 꼼꼼하게 살펴야 합니다.

셋째, 건강에 문제가 없는지 살펴봐야 합니다. 사람도 아프면 누군가에게 의지하려고 합니다. 말 못하는 강아지가 아프데도 보호자가 모르고 넘어갈 경우 강아지는 보호자에게 더욱 의존하려고 할 수 있습니다.

넷째, 반려견에게 기울이는 관심과 애정이 지나치지는 않았나 고민해야 합니다. 반려견을 대할 때 부모의 입장에서 생각하고 배려하는 것은 좋습니다. 하지만 사람이나 어린아이에게 하는 것 같은 행동을 반려견에게 한다면 반려견이 보호자의 의도를 오해할 수도 있습니다. 예를 들어 애정을 표현하기 위해서 사람은 얼굴을 비비고, 눈을 마주치고, 뽀뽀를 하고, 안아주려고 합니다. 하지만 이런 행동들은 반려견에게 경계와 위협의 뜻으로 비칠 수 있습니다. 우리가 반려견을 부모의 입장에서 생각하는 것은 옳지만 사람끼리 하는 행동을 강아지에게 똑같이 하는 것은 잘못된 것입니다.

다섯째, 분리불안은 위탁해 교육하는 것으로 해결할 수 없음을 명심해야 합니다. 일부 반려견훈련소에서는 강아지의 분리불안은 보호자와 떨어뜨려 놓고 교육해야 한다고 하거나 케이지cage에 가둬야 고칠 수 있다고 말합니다. 이런 말들은 반려견의 감정과 학습 원리를 이해하지 못하기 때문에 나온 것

훈련소

입니다. 분리불안의 치유는 혼자 있는 법을 배우는 것이 아니라, 항상 보호자가 돌아올 거라는 믿음을 갖게 하는 것입니다.

여섯째, 꼭 전문가와 상담을 받아보시기 바랍니다. 짖는다고 모두 분리불안 때문인 것은 아닙니다. 정확한 진단과 원인을 찾아봐야 합니다. 반려견들은 가족의 행동에 많은 영향을 받습니다. 가끔 우리가 생각지도 못했던 부분이 반려견을 힘들게 했을 수도 있기에 스스로 고치려 하기보다는 꼭 전문가와 상담하는 것이 좋습니다.

마지막으로 리더십이나 통제를 통한 훈련을 하고 있는지 확인해봅니다. 반려견뿐만이 아닙니다. 동물이 가지고 있는 분리불안 증상을 치유하는 데 리더십과 통제 그리고 압박을 논한다는 것 자체가 문제의 본질에 맞지 않습니다.

제 반려견 다올이도 심각한 분리불안 증세를 보였습니다. 제가 오피스텔을 나서기가 힘들 정도였습니다. 지금까지 제가 본 분리불안을 겪는 강아지들 중에 다올이만큼 심한 증세를 보인 반려견도 드물었습니다. 그런데 지금 다올이는 아주 건강해졌고, 이 글을 쓰고 있는 제 옆에서 잠을 자고 있습니다. 이제는 제가 출근할 때에도 잘 다녀오라고 인사도 합니다. 분리불안 증세를 보이는 반려견이 있는 집은 보호자와 가족들의 심리 상태까지 우울하게 만들기도 합니다. 그러니 꼭 이 모든 상황을 잘 체크해보시기 바랍니다. 여러분도 반려견도 모두 행복해질 수 있습니다.

항상 슈퍼 솔루션을 제시하지 않는 것에 대해서 불만인 분들이 계실 것입니다. 여러 번 강조하지만 매뉴얼화된 슈퍼 솔루션은 없습니다. 반려견을 보고, 보호자와 상담하고, 환경을 보고, 생활을 접하면서 진단을 내리고 해결 방법을 고민해야 하기에 값싼 요령 몇 마디 얘기해드리는 것은 옳지 못하다고 생각합니다. 반려견의 행동을 치유하고 싶으시다면 전문가에게 도움을 받는 것이 가장 좋은 방법입니다.

분리불안에서
서서히 분리되기

시간이 없다는 것은 핑계입니다.
10분만 투자해도
강아지의 분리불안 상태는
많이 호전될 수 있습니다.

뒷 페이지의 그림을 같이 볼까요? 늑대 무리가 동료 늑대들이 어디론가 떠나가는 모습을 뒤에서 가만히 지켜보고 있습니다. 사냥을 나가는 늑대들을 뒤에서 가만히 쳐다보고 있는 것이지요. 그들의 모습이 천천히 사라지고 그들의 냄새가 점차 멀어지면서 늑대 무리는 서서히 분리됩니다. 반려견의 분리불안증의 원인은 다양합니다. 그중 하나가 섣불리, 그리고 불안한 상태에서 분리되었던 기억입니다.

이 그림에서 보면, 그들은 상대의 실루엣과 냄새가 천천히 멀어지는 것을 보고, 느끼며, 이해합니다. 그런데 우리는 어느 순간 강아지에게 아무런 준비도 없이 분리되는 경험을 하게 합니다. 이런 갑작스러운 경험들이 반려견의 불안감을 더욱 상승시킵니다. 분리불안으로 고생하는 반려견을 둔 의뢰인들과 교육을 하다보면 하나같이 천천히 기다리는 것을 힘들어합니다. 최근에 '실베'라는 강아지를 키우고 있는 의뢰인과 교육을 할 때 일입니다.

"우리 같이 한강까지 걸어가는 게 어때요?"

의뢰인은 흔쾌히 동의했고 곧 준비해 강아지와 함께 천천히 길을 나섰습니다. 목적지까지 100m쯤 남았을 무렵 멀리 한강의 풍경이 보였습니다.

"의뢰인님, 잠깐 여기 나무 밑에서 10분만 있다가 가요."
"네? 왜요?"

거의 다 왔는데 제가 쉬자고 하니 이해가 안 갔나봅니다. 10분이 지나고, 저는 한강으로 가지 않고 바로 집으로 돌아

가자고 했습니다. 의뢰인은 '그럼 왜 나왔나?' 하는 표정이었
지만 저는 뜻을 굽히지 않았습니다. 생각한 것이 있었기 때문
입니다. 많은 의뢰인이 이해를 못하는 부분일 수도 있습니다.
이유를 알려주지 않고 왔던 길을 바로 되돌아가자고 했을 때
의뢰인이 의아해했던 것도 이해가 갑니다. 의뢰인의 집으로
돌아온 다음, 저는 이유를 설명했습니다.

"의뢰인은 강아지가 줄을 끌고 가는 것 때문에 힘들어하셨지
요? 그런데 사실 의뢰인께서도 한강까지 걸어가는 데 많이
흥분하고 긴장하고 계셨어요. 지금 보세요, 한강에 가자고 했
다가 못 갔을 때 의뢰인이 보인 반응과 실베의 모습은 너무 닮
았어요. 의뢰인님, 우리는 항상 안정적인 템포로 반려견을 리
드해야 합니다. 명령하고 소리 지르는 것이 리더십이 아니라,
안정적인 마음가짐과 다정함을 유지하는 게 반려견 교육에서
는 리더십입니다. 의뢰인님은 한강으로 가는 동안 계속 급한
모습이었습니다. 평소에도 그렇게 급하게 행동하시지요?"

바쁜 생활 속에서 천천히 움직이고, 시간을 두고 기다리
는 것이 쉽지 않다는 것을 알고 있습니다. 생각 같아서는 짖는
강아지에게 꿀밤을 먹이고, 소리를 꽥 지르고 싶기도 할 것입

니다. 강아지에게 분리불안증이 생기는 것을 보호자의 책임으로만 볼 일은 아니지만, 그 불안감을 해소하도록 도와주지 못하는 것은 보호자의 책임입니다. 자신이 아침에 일어나서 출근하기까지의 모습을 상상해보세요. 그리고 강아지가 그 시간에 무엇을 하는지도 상상해보세요. 만약 생각나지 않는다면 내일 아침에 당장 한번 살펴보세요. 강아지는 아마도 당신의 모습을 지켜보고 있을 것입니다. 그런데 당신은 출근 준비에, 식사 준비에, 정말 바쁘게 움직이고 있을 것입니다. 현관문을 나갈 때에도 시간에 쫓겨 급하게 문을 쾅 닫고 나가겠죠. 강아지는 그런 당신을 보면서 어떤 생각을 할까요? 보호자와 떨어진다는 생각 때문에 불안해하는 강아지들에게 한번쯤 출근 전 다정히 인사하고, 현관에서 잠시 기다리는 것쯤은 할 수 있지 않을까요?

다정히 인사하고, 언제 올 건지 이야기해주세요. 그리고 천천히 현관문을 나서세요. 시간이 없다는 것은 핑계입니다. 10분만 일찍 일어나도 할 수 있는 일입니다. 그 10분만 투자해도 강아지의 분리불안 상태는 많이 호전될 수 있습니다.

반려견에게
'현관문'이란?

가장 먼저
보호자를 볼 수 있는 곳도 그곳이며,
헤어지는 곳도 그곳입니다.

일상적으로 스쳐 지나가는 사물과 상황 중에 우리는 모르고 있지만 큰 의미가 담겨 있는 것들이 있습니다. 그중 하나가 바로 현관입니다. 바쁜 세상사 속에서 현관은 빨리 스쳐 지나가는 장소 중 하나입니다. 현관은 간단한 아침 식사를 끝내고 서둘러 신발을 신은 후 출근하려고 나서는 곳이며, 힘든 하루 일과를 마치고 들어올 때 가장 먼저 마주하는 곳이기도 합니다. 가끔은 이제 중학생이 된 딸이 엄마에게 짜증을 한참 내고 문을 박차고 나가는 곳이기도 하고, 화가 난 엄마가 어디서 문을 그렇게 닫느냐고 소리치는 곳이기도 합니다. 벨 소리가 들리면 보호자가 급하게 움직이며 현관 쪽으로 걸어갑니다. 현관은 택배 물건을 받거나, 낯선 사람들이 들어오거나, 배달 음식을 받는 곳이기도 합니다. 그러면 반려견에게 현관은 어떤 의미일까요? 반려견들도 우리처럼 현관을 단순히 이동 통로 혹은 집 바깥과 안을 연결하는 곳으로 볼까요?

결론부터 이야기하자면 반려견이 느끼는 현관은 사람이 느끼는 것과 많이 다릅니다. 수많은 강아지를 보고 교육하면서 그들이 현관을 얼마나 특별히 생각하는지 알 수 있었습니다. 현관은 어떤 강아지에게는 여름철 시원하게 누워 쉴 수 있는 타일이 있는 곳이기도 하고, 어떤 강아지에게는 산책할 때 매는 줄이 있어서 보호자가 현관에 가면 '혹시 산책을 가나?' 하고 기대감을 갖게 하는 곳이기도 합니다. 또 항상 이상한 소리가 들려오고, 새로운 냄새를 풍기는 사람들이 계속해서 나타나는 곳이기도 합니다. 그곳에선 많은 것들이 사라지고 또 들어옵니다. 제일 먼저 보호자를 볼 수 있는 곳인 동시에 보호자와 헤어지는 곳이기도 합니다. 그래서 보호자에게 일종의 신앙과도 같은 맹목적인 사랑을 주는 반려견들에게 현관

은, 어쩌면 하늘이 무너질 만큼 가슴 아픈 곳이기도 하고 죽었
다 살아난 것 같은 안도감을 느끼는 공간이기도 합니다. 우리
가 항상 아무 생각 없이 바삐 들락거렸던 현관문이 그들에게
는 항상 보호자와 헤어지는 곳이었음을 알아야 합니다.

사람들은 긴 세월 동안 복잡한 도시에 적응하며 살아왔
지만 반려견들은 아직도 사냥터에 나가는 동료들의 뒷모습을
확인하고 그들이 천천히 시야에서 사라지는 모습을 지켜보고
싶어 합니다. 그렇다면 그들에게 현관문을 어떤 공간이라고
가르쳐줘야 할까요? 그냥 알아서 하게 두면 될까요? 특별한
이상행동을 보이지 않는 강아지들이라면 괜찮지만 현관 앞에
서 갑자기 흥분하거나, 작은 소리에도 민감해하거나, 아무도
없을 때 현관 앞에서 아무것도 하지 않고 하루 종일 기다린다
거나 하는 이상행동을 하는 강아지가 있다면 반드시 현관문에
대해서 바른 인식을 심어주는 교육이 필요합니다. 강아지들
이 현관을 편안하게 느낄 수 있게 가르쳐주는 것이지요. 어렵
지 않습니다. 반려견을 교육하는 기술이 없어도 괜찮습니다.
천천히 나가고, 천천히 들어와주세요.

편안한 마음으로 현관에서 가볍게 인사한 후 잠깐 멈췄

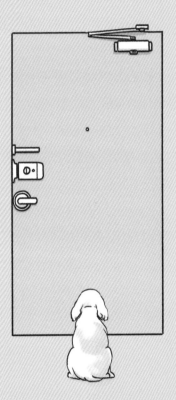

다가 출근하고, 퇴근할 때에도 반가운 마음으로 잠깐 멈췄다가 천천히 들어와 주세요. 반려견은 그런 보호자의 모습에 어딘가 편안함을 느낄 것입니다. 이런 식으로 평소엔 빨리 열리던 현관문이 천천히 열리기도 하고, 문 열리는 소리가 들리더라도 아무 일도 일어나지 않는다는 것을 알려주어야 합니다. 그리고 외출 후 들어와서 보호자가 어디를 돌아다녔고, 어디에서 무엇을 밟고 다녔는지 모두 냄새 맡게 하고 알려주어야 합니다. 현관문을 통해 나가지만, 금세 들어올 거라는 믿음과 안정감을 심어주는 것이지요.

보듬 5.10.7.
법칙

♣

우리가 반려견에게 가르쳐야 할 것은
혼자 있는 법이 아니라
다시 네 곁으로 돌아올 것이라는 사실입니다.

"거기 훈련소죠? 강아지 좀 맡기려고 하는데 얼마예요? 데리

러 오나요?"

"네? 어떤 일로 연락을 주셨나요? 제가 강아지 교육은 하는

데 어떤 일로 그러세요?"

"말도 안 듣고, 대소변을 못 가려서 잠깐 맡기려고요. 혹시

'안 돼'는 어떻게 가르치나요? 때려도 말은 안 듣고 물려고만

해요. 혹시 그런 것도 훈련시켜 주나요?"

한번은 이런 전화를 받고 얼마나 화가 났는지 모릅니다. 당돌하며 냉정한 말투의 한 남자는 여자 친구에게 선물한 강아지가 있는데 헤어지면서 데려 왔다고 했습니다. 여자 친구에게 복수하는 게 이 강아지를 뺏는 거라고 생각했던 남자는 저를 위탁을 받아 교육하는 훈련사 정도로 생각하고 인터넷에 나와 있는 번호로 전화를 걸었다고 했습니다. 그러고는 한두 달만 맡기고 싶다고 했습니다. 이럴 때면 화가 나서 아무것도 하고 싶지 않습니다. 강아지를 교육하는 일을 하면서 이런 전화를 받는 경우가 종종 있습니다. 다짜고짜 비용과 기간을 물어보며 추후 훈련이 안 됐을 때 보상해줄 수 있느냐고 물어보기도 합니다.

"키우는 강아지가 짖어서 민원이 들어왔는데, 견적 좀 알 수 있을까요?"

"아. 네? 견적이요? 강아지가 짖는다고요?"

"네, 혼자 두질 못하겠어요. 지금은 동물병원에 맡겼는데 언제까지 거기 둘 수도 없고, 당신한테 맡기면 확실히 안 짖습니까? 보장 기간 같은 건 있나요?"

이 정도면 양반입니다. 때로는 강아지를 못 키우겠다고

떼를 쓰는 사람까지 있습니다.

"보듬 훈련사라면서요. 그러면 불쌍한 강아지 좀 돌봐주셔야 하는 거 아니에요? 지금 제가 못 키우겠다고요. 일 끝나고 들어오면 집이 난리도 아니에요. 훈련사님이 안 맡아주시면 정말 저 강아지 버릴지도 몰라요!"

요즘 원룸 중에는 반려동물을 키우지 않겠다는 계약을 하고 입주하는 곳도 있다고 합니다. 이를 어길 시 이사를 나가야한다는 내용이 계약 사항에 있다고 합니다. 그래서 어떤 의뢰인은 애견숍에서 짖지 않는 강아지라는 다짐을 받고 입양했다고 합니다.

"어떻게 하죠? 강아지가 짖어요! 이거 못 짖게 할 수 없나요? 저 쫓겨날 수도 있는데….""
"강아지는 짖어요. 당연히 짖어야 하는 동물이에요."
"그러면 훈련으로 못 고쳐요? 그럼 보낼 곳을 찾아봐야겠어요."

하루에도 몇 번씩 이런 전화를 받다보면, 저녁쯤엔 하루 동안 쌓인 스트레스를 감당하지 못하고 이런 실수를 할 때가 있습니다.

"안녕하세요. 보듬 훈련사님 맞으신가요?"

"네에, 안녕하세요. 어떤 일이신가요?"

"다름이 아니라 이번에 강아지 한 마리를 입양했는데요. 생각하던 것과 많이 달라서요. 도움 좀 받고 싶은데 어떻게 해야 하나요?"

"그랬군요. 먼저 이야기 좀 해주세요. 어떤 아이인가요?"

한 10분 정도 통화했을까요? 서울 한복판에 혼자 사는 직장인이라는 말에 그만 울컥해버리고 말았습니다. 또 한 마리의 강아지가 불행해지는 건 아닌가 하는 걱정 때문이었습니다.

"왜 강아지를 입양하셨나요? 왜 그렇게 무책임하게 강아지를 데리고 오셨나요? 그냥 아침저녁 밥만 챙겨주면 강아지가 잘 클 줄 알았나요? 인터넷에서 하루 한 번 산책만 시켜주면 키울 수 있다고 하니 그냥 모든 게 쉬울 줄 아셨어요? 반려견과 인연을 맺는 건 다마고치 게임애완동물을 키우는 장난감 게임하는 것하고는 달라요! 왜 의뢰인의 외로움을 달래기 위해서 그 아이가 하루 10시간 이상을 당신만 기다려야 합니까?"

"알아요. 알아요. 훈련사님 글도 여러 번 봤어요. 제가 혼자 살며 직장에 다니고 있긴 한데, 이 아이는 유기견이란 말이에요. 제가 데려오지 않았으면 안락사 당했을 거예요. 훈련사님께 얼마나 어렵게 전화했는데요. 정말 도와주고 싶었어요. 열 살이 넘었대요. 시설에서는 떠돌이 생활을 오랫동안 했을 거라고 하더라고요. 그리고 시설에서 나이도 많고 다리도 안 좋아서 입양이 잘 안 된다고 했어요. 다른 아이들은 철창 안에서 짖기라도 하는데 '도담이'는 철창 안에서 그저 웃고 있었어요. 그게 어찌나 마음이 아픈지. 저도 지방에 살다 서울 올라와서 얼마나 힘들고 외로웠는지 몰라요. 그래서 도담이를 그냥 둘 수 없었어요. 그 웃음을 보고, 그 모습을 보고…, 제가 어떻게 그냥 둬요…. 훈련사님, 도담이가 혼자 있지를 못해요. 도담이 데리고 오면서 회사도 잠깐 쉬고 있는데 한 달 뒤면 다시 복직해야 한답니다. 도와주세요. 이 녀석을 포기하고 싶지 않아요."

혼자 사는 당신이 어린 강아지를 키운다면 그 강아지는 이제 생후 갓 2개월 정도 됐을 것입니다. 대부분의 사람들은 강아지를 입양했다고 해서 직장을 그만두지 않습니다. 물론 당신도 그랬을 것입니다. 그럼 할 수 없이 혼자 있게 되었겠네요? 이제 어미와 형제들과 떨어져 혼자가 된 강아지가 언제 다시 올지 모르는 당신을 하염없이 기다리면서 울타리 속에 있어야 합니다. 제발, 2개월짜리 강아지에게 하루에 밥을 두 번만 주면 안 되냐는 질문은 하지 말아주세요. 생명이 있는 것은 우리 편의대로, 우리의 마음대로 안 되고, 또 그렇게 해서도 안 되는 거랍니다. 당신이 혼자 살고 직장에 다니는 사람이라면 절대 강아지를 입양하지 말았어야 합니다. 하지만 유기견들에게 기회를 주는 거라면, 저는 당신을 얼마든지 도와줄 것입니다. 지금 그들에게는 우리밖에 없기 때문입니다.

모든 강아지에게는 그들만의 이야기가 있습니다. 어떤 강아지는 애견숍으로 오기 전 끔찍한 팻 팩토리와 경매장을 경험했을 것입니다. 어떤 강아지는 강제로 꼬리를 잘리는 경험을 했을 것이고, 또 어떤 강아지는 몸집이 커지면 안 된다고 먹이를 새 모이만큼 먹었던 기억을 갖고 있을 겁니다. 그리고 그 강아지가 유기견이라면, 어떤 경험을 했을지는 몰라도 분명히 가족과 떨어졌다는 것만으로도 충분히 고통스러웠을 것입니다.

반려견을 입양한다는 건 그 아이가 가지고 있는 기억도 같이 데리고 온다는 것임을 알아야 합니다. 특히 유기견들은 쉽게 가늠할 수 없는 사연을 갖고 있습니다. 그러나 사연은 달라도 모두가 하나같이 똑같은 모습을 보입니다. 다시는 가족과 분리되고 싶어 하지 않죠. 그래서인지 그들은 새로운 가족들 사이에 있을 때도 불안한 모습을 자주 보이고 보호자가 외출이라도 하려 하면 많이 힘들어합니다. 그들은 예전의 보호자가 자신을 버렸다고 생각하지 않습니다. 단지, 자신이 가족과 멀리 떨어졌다고만 생각하기 때문에 많이 힘들어합니다. 그리고 시간이 흐른 후 다시는 가족과 만날 수 없다는 생각이 드는 순간, 그들은 유기견이 되어 도망 다니거나 안락사를 당하거나 새로 입양되기만을 기다리는 신세가 되고 맙니다. 냉정하게 말해서 이들은 가족이 많은 집으로 입양되어야 합니다. 화목한 가정에서, 서로를 존중하는 곳에서 행복하게 살아야 합니다. 하지만 현재 우리나라 상황에서 이런 바람은 사치입니다. 유기견을 입양했는데 혼자 사는 보호자가 아침마다 직장에 나가야 한다면 그 강아지는 불 보듯 뻔하게 하루 종일 당신을 찾으며 울 것입니다. 이를 해결하려면 적어도 입양 직후 3주 정도는 직장을 쉬어야 합니다. 다른 방법을 찾으려고 하지 마세요. 이것보다 좋은 방법은 없으니까요. 철창 안에 가두려고 하지마세요. 3주 정도 쉬면서 강아지와 함께 충분히 시간을 보내세요. 그러면서 가르쳐주세요. "걱정하지 마, 꼭 다시 돌아올 거야."라고요.

지금 우리가 아이에게 가르쳐야 할 것은 혼자 있는 법이 아니라 다시 네 곁으로 돌아올 거라는 사실입니다. 기교적인 방법은 모두 부질없습니다. 제가 계속 강조하는 그들의 기본적인 권리를 지켜주십시오. 복종시키려 하지 말고, 억지로 모양 만들려고도 하지 마세요. 그냥 긴 줄을 하고, 천천히 걷고, 마음껏 냄새 맡게 해주세요.

무언가를 배우기 전 반려견은 안정돼 있어야 합니다. 공도 던지지 마세요. 그냥 간식을 바닥에 던져주며 냄새를 맡고 찾도록 도와주세요. 사람들이 많은 곳으로 가지 말고, 멀리서 사람들을 볼 수 있는 곳으로 가서 산책해주세요. 지금 살고 있는 집주변의 모양과 냄새, 소리에 익숙하게 해주시고 주변 사람들이 친절하다는 것을 알려주세요. 이런 방법은 반려견에게 지금 자신이 있는 곳이 편안하다는 것을 가르쳐주기 위한 기본적인 방법입니다.

쉽습니다. 그런데도 사람들은 잘 하지 않습니다. 보호자가 돌아온다는 걸 반려견에게 가르쳐주는 건 쉽지 않은 과정이지만, 그렇다고 마냥 어렵지도 않습니다. 당신과 반려견을 보지 않았기에 정확히 알맞은 프로그램을 짚어드릴 수는 없지만, 제가 추천하는 '보듬 5. 10. 7. 법칙'을 알려드리겠습니다. 대신 한 가지만 꼭 명심해주십시오. 반려견에게 여러 가지 행동상의 문제가 있다면 자가 진단하거나 스스로 교육하려 하기보다 꼭 반려견의 행동과 심리에 해박한 전문가를 찾아 상담하고 진단과 교육을 받아야 한다는 것을요.

보듬 5.10.7. 법칙

– 실전편 –

5초씩 하루 10번, 7일을 연습하면 서서히 변화가 올 것입니다.

1. 반려견과 순간적으로 떨어지는 시간을 5초 정도로 한다.

2. 방을 옮겨 다니면서 떨어짐과 만남을 반복한다.

집에 있는 어떤 방도 상관없습니다. 하지만 아무 곳이나 들어가지 마세요. 집 안에서 가장 자주 드나드는 곳에서 시작해서 덜 드나드는 곳 순서로 움직여야 합니다. 대략, 화장실→내 방→안방→다용도실→발코니→현관 순서일 것입니다. 방문을 열고 들어가기 전 방문 앞에서 약 2~3분 대기했다가, 방 안에 들어가 문을 닫고 5초를 센 후, 문을 열고 나와 다시 약 2~3분 그대로 서서 강아지를 바라봅니다. 단, 이때 강아지를 만지지도 말고 말을 걸지도 않는 것이 좋습니다.

3. 이렇게 하루 10번 한다.

＊주의 사항 : 위 행동을 연속으로 하지 말아주세요.

이 연습을 하다보면 시간이 지나면서 어떤 반려견은 편안해 하고 어떤 반려견은 더 불안해하기도 합니다. 어쨌든 이것이 우리가 반려견에게 돌아온다는 믿음을 주는 가장 기본적인 방법이랍니다. 하지만 이런 방법도 평소 반려견과 어떤 관계를 맺었느냐에 따라 판이한 결과가 나올 수 있습니다.

분리불안을 고치는 교육을 할 때 많은 이들이 반려견의 감정에는 관심을 보이지 않고 짖고 물어뜯는 것만 중점적으로 교육을 하려고 합니다. 한마디로, 왜 그런 행동을 하게 되었는지 보다는 어떻게 하면 강아지들의 분리불안 증상을 없앨 수 있는지에만 중점을 두고 훈련하기 때문에 억지로 강아지를 철창 안에 가두고 전기충격기까지 쓰게 되는 것입니다. 혼자 사는 분이 유기견을 입양했다면 가장 걱정되는 것이 강아지의 분리불안일 것입니다. 분리불안은 결코 불치병이 아닙니다. 위의 방법들을 하나씩 천천히 따라 해 보십시오. 안 돼도 초조해할 필요가 없습니다. 인내심을 가지고 몇 번이고 시도하다보면 어느새 놀랍게 변한 강아지를 만날 수 있을 것입니다.

이야기를 마치며

아침에 일어나면, 다리 사이에는 첼시가 누워 있고 옆에는 다
올이가 제 얼굴을 핥으며 소변이 마렵다고 산책을 재촉합니
다. 다올이는 밥그릇을 물고 와서는 배가 고프다고 말하고,
첼시는 좀 더 자고 싶은지 안방 침대로 다시 들어갑니다. 이제
일곱 살, 여덟 살인 이 녀석들은 강아지 티는 어디에서도 찾아
볼 수 없고 벌써 나이 든 어른처럼 '아이고~' 소리를 내면서
돌아다니는 것 같습니다. 사람들은 그렇게 반려견들고 같
이 침대에서 자도 괜찮느냐고 묻지만, 가끔 다올이가 침대 밑
에서 잠을 잘 때면 섭섭한 마음이 드는걸 보니 저는 계속 이
강아지들이랑 한 침대에서 자야겠습니다.

예민한 다올이는 자신을 놀라게 하는 모든 것을 경계합

니다. 사람들이 많은 도심에 갈 때면 얼굴을 바닥에 콕 박고는 냄새 맡는 척하면서 요리조리 피합니다. 첼시는 다올이와 반대로 연예인병에 걸려 사람들이 모두 자신을 사랑할 거라고 착각합니다. 산책을 게을리 할 때나 전날 집에 손님이 왔을 때, 다올이와 첼시는 어김없이 거실에 소변 실수를 합니다. 하지만 문제없습니다. 괜찮습니다. 아이들은 익숙하지 않은 냄새가 불편했고 그런 마음을 그대로 표현한 것뿐입니다.

첼시는 어릴 적 앞발의 발톱을 자를 때 아팠던 기억이 아직까지 있어서 발톱을 자르는 것을 불편해합니다. 그래서 자주 산책을 하고 자연스럽게 발톱이 마모될 수 있게 도와줍니다. 또 첼시는 외부 소리에 민감해서 한 번씩 "컹!" 하고 짖습니다. 이는 당연하고 자연스러운 행동입니다. 이럴 때마다 저는 첼시 옆에서 첼시가 보고 짖었던 대상을 같이 지켜보면서 옆에 있어줍니다.

반려견 행동 전문가라는 사람이 강아지를 키우는 방식입니다. 어떤가요? 별것 없지요?

첼시와 다올이도 저에게 특별한 행동들을 하지 않습니

다. 그렇지만 저는 그들에게서 많은 위로를 받으며 살고 있습니다. 이 녀석들은 제 마음을 어루만지고 제가 가족 안에 있다는 것을 느끼게 해준답니다. 항상 저를 기다려주고, 뒤돌아봐 주지요. '당신이 최고!'라고 가식 없이 말해주는 이 녀석들이 오늘도 저를 웃게 하고 건강한 사람으로서 살 수 있게 도와줍니다.

반려견들과 마음을 나누고 산다는 것이 얼마나 놀라운 일인지 여러분도 잘 알고 있을 겁니다. 그들은 우리의 모든 것을 알고 있습니다. 언제 일어나는지, 언제 식사를 하는지, 언제 잠에 드는지, 기쁜지, 슬픈지 말입니다. 그들은 그렇게 친구로서 항상 우리 곁에서 우리를 위로합니다.

하지만 우리는 이런 친구의 작은 행동 하나도 이해하지 못할 때가 많습니다. 이제 우리도 그들의 신호에 귀를 기울여주면 어떨까요? 당신의 친구는 몹시 감동받을 것입니다. 좋은 주인이 되지 말고, 좋은 친구가 되어주세요.

당신이 언제나 반려견과 행복하기를 진심으로 바랍니다.